부엌 화장품

텃밭채소로 누구나 만드는

부엌 화장품

아즈마 카나코 지음 | 김민주 옮김

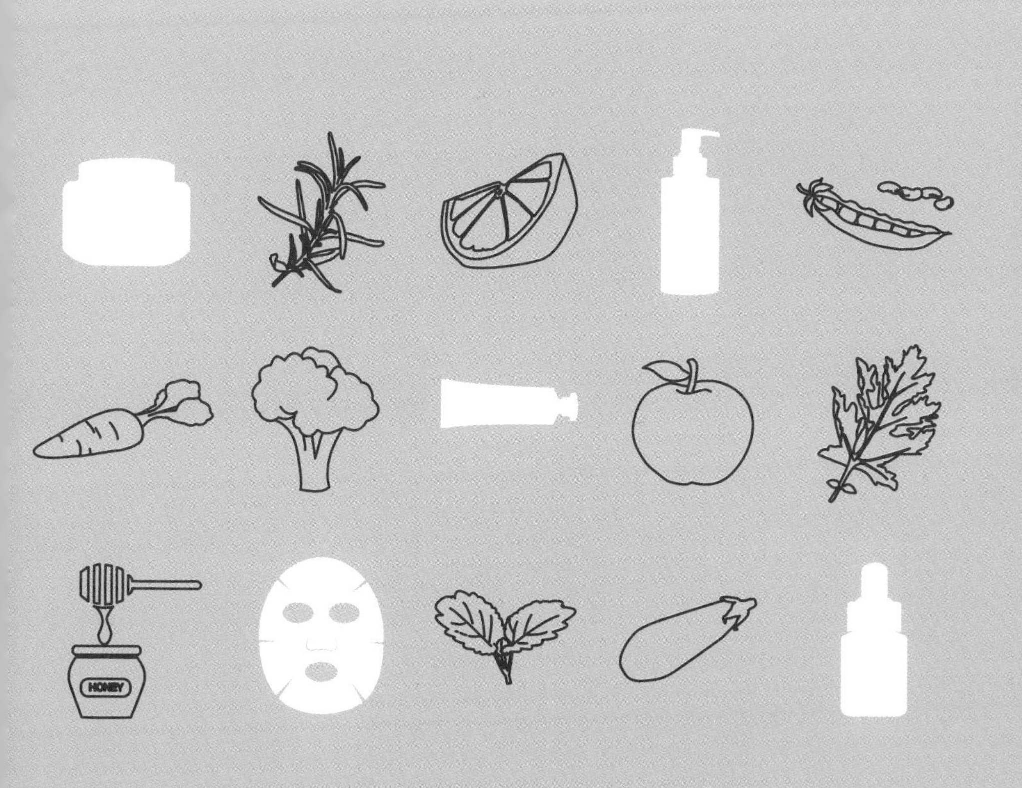

들어가며

농업계 대학에 재학 중이던 시절, 등산이나 농촌 봉사 활동을 열심히 했던 나는 햇볕에 피부가 타는 것에 대한 대책도 없이, 많은 시간을 야외에서 보냈습니다. 20대까지는 특별히 관리하지 않아도 피부 문제가 적었고, 미용이나 피부 관리에는 그다지 관심을 갖지 않았습니다.

출산 후에는 육아를 핑계로 피부 관리는 뒷전이었고, 심지어 아기를 재우고 난 뒤에는 수면 시간을 줄이고 야간 작업을 할 때도 있었습니다. 30대에 접어들어 문득 정신을 차려 보니 피부 손상이 눈에 들어왔습니다. 이대로 두면 안 되겠다고 생각은 했으나 아이에게 손이 많이 갔던 시기라 피부를 위해 투자할 수 있는 시간도, 돈도 많지 않았습니다.

그래서 되도록이면 돈이 들지 않고 간단하며 피부에도 좋은, 친환경적인 관리 방법을 찾았습니다. 부엌에 있는 재료, 요리 후에 남은 재료를 이용하는 피부 관리 방법을 실천해 보기로 했습니다.

이 책에서 소개하는 방법들은 필요할 때 바로 만들 수 있는 것들입니다. 시간을 많이 들일 수 없는 사람, 화학 재료 쓰지 않기 또는 자연 재료에 흥미가 있는 사람 모두 부엌에서 자신의 피부에 맞는 방법을 반드시 찾아내 보세요.

아즈마 카나코

이 책의 사용 방법

· 부엌 화장품의 재료, 분량은 어디까지나 눈대중입니다. 재료의 상태와 개인의 취향에 따라 조정해 주세요.

· 사람에 따라 효과가 나타나는 경우가 다릅니다. 맞지 않다고 느껴지거나 불쾌한 증상이 나타나는 경우에는 사용을 멈추세요.

· 보관 방법에 대한 설명이 없는 것은 보관하지 말고 필요할 때마다 만들어 사용하세요. 보관 기간 내에도 변질된 냄새가 느껴지면 사용을 멈추세요.

· 이 책에 설명된 재료 중에는 식물 알레르기 증상의 원인이 되는 달걀, 밀가루, 대두, 사과 등도 있습니다. 반드시 자신의 체질을 파악한 뒤에 시험해 보세요. 또한 조금씩 만들어 빠른 시일 내에 사용할 수 있도록 주의해 주세요.

정제수

증류 및 여과, 이온 교환 등으로 불순물을 제거한 물을 의미합니다. 약국에서 정제수 1L를 1,500원 정도에 구입할 수 있습니다. 방부제 등이 들어 있지 않으므로 개봉하여 공기가 닿은 것은 냉장 보관하여 빠른 시일 내에 사용하세요.

글리세린

대부분 팜유, 야자유 등 천연 유지로 만들어졌으며 독성이 거의 없습니다. 피부를 보호하는 효과가 있어 보습제로 쓰입니다. 약국에서 1,000원 정도에 구입할 수 있습니다. 5~10% 농도(물 100ml에 1~2작은술 정도)로 사용하세요.

소주

알코올은 잡균의 번식을 막아 보존성을 높이는 효과가 있어 화장품 방부제 또는 용기 소독제로 쓰입니다. 알코올 도수가 높은 편이 효과가 좋기 때문에 기본적으로 35도 이상의 소주를 사용하세요. 청주 및 소독용 에탄올로도 대신할 수 있습니다.

식초

합성 식초와 양조 식초가 있는데, 몸에 좋은 유기산 등의 성분을 많이 갖고 있는 양조 식초를 추천합니다. 사과 식초와 같은 과실 식초가 비교적 냄새가 적고 사용하기 좋습니다. 구연산으로도 대신할 수 있습니다.

소금

공업적으로 생산한 정제 소금과 바닷물로 만든 천연 소금이 있는데, 천연 소금은 우리 몸에 필요한 미네랄을 포함하고 있으므로 천연 소금을 사용하는 것이 좋습니다.

식물 기름

식물 기름은 마사지나 보습, 비누나 화장품 원료로 쓰입니다. 피부 관리의 원료로 사용할 경우에는 색과 향이 적고 투명한 것이 좋은데, 식용 기름으로는 열을 가하지 않고 압착한 것을 선택해 주세요(참기름일 경우에는 생으로 짠 것). 올리브유도 자주 쓰입니다.

베이킹 소다

주로 약용, 식용, 공업용 3종류로 나뉩니다. 식용은 약용보다 가격이 저렴하며 베이킹 소다라고 불립니다. 이 책에서는 베이킹 소다를 재료로 사용합니다.

목초액

목초액은 숯을 태울 때 나오는 연기를 액화시켜 채취하여 콜타르를 제거한 것입니다. 목재 본래의 성분이 200종류 이상 들어 있습니다. 원액을 여과, 정제한 것은 입욕제 또는 피부 관리에 쓰입니다.

밀가루

팩을 걸쭉하게 만들어 피부에 잘 붙도록 하며, 밀가루 자체에도 미백 효과가 있습니다. 다만, 알레르기 반응을 일으키는 식품 중 하나로 지정되었기 때문에 알레르기 체질인 분은 반드시 주의하세요. 꿀이나 머드(미네랄 성분이 있는 점토)와 같은 소재로 대체할 수 있습니다.

밀랍

꿀벌이 집을 만들기 위해 분비하는 천연 왁스로 입에 넣어도 무해하기 때문에 어린이용 크레용, 점토에 쓰입니다. 유럽과 미국에서는 케이크, 과자 등을 만들 때 광택을 내기 위해서도 씁니다. 온라인 화장품 재료 판매점에서 식물성 유화 왁스와 함께 구입할 수 있습니다.

차례

화장수

로션 · 에센스 · 크림

로션

에센스

크림

입욕제

모발 관리

샴푸

린스

팩 · 젤

몸 관리

마사지

스크럽

방취제

탈취 스프레이

구강 관리

입술 관리

방충제

칼럼

피부 관리

피부 관리란 세안을 하거나 화장수, 로션, 크림, 에센스 등을 사용하여 피부를 관리하는 것을 말합니다.

클렌징과 세안으로 더러움을 씻어 내고, 화장수로 수분을 공급하고, 에센스로 보습, 영양을 제공하고, 건조한 부위에는 로션이나 크림으로 유분을 보충합니다. 자신의 피부에 적합한 재료와 방법을 찾아 보세요.

클렌징

세안만으로 잘 지워지지 않는 화장을 깨끗하게 지우기 위해서는 클렌징이 반드시 필요합니다. 천연 재료를 사용할지라도 클렌징을 너무 세게 하면 피부가 다칠 수 있습니다. 잘 스며들도록 피부를 부드럽게 문지르며 지워 냅시다. 이 책에서는 3가지 클렌징 방법을 소개하겠습니다. 자신의 피부와 취향에 맞추어 골라 보세요.

참기름 클렌징

효과 모공의 더러움 제거, 색소 침착 개선

재료 참기름(투명한 종류) 2작은술

사용 방법 적당량을 피부에 부드럽게 문질러 주며 스며들게 한 후, 수건 등으로 닦아 냅니다. 또는 거품 낸 비누로 씻어 냅니다.

기름은 모공에 끼인 더러움과 화장을 지우는 클렌징 효과가 있습니다. 그중에서도 참기름은 피부를 매끄럽게 해 주니 거칠어진 피부가 신경 쓰이는 사람에게 추천합니다. 참기름은 투명한 종류가 냄새도 적고, 화장품으로 사용하기 좋습니다. 그 밖에도 올리브유, 유채유 등으로 클렌징할 수 있습니다.

벌꿀 클렌징

효과 보습, 살균(여드름 예방)

재료 벌꿀 2작은술

사용 방법 적당량을 피부에 부드럽게 문질러 주고 씻어 냅니다.

벌꿀은 피부 표면의 윤기를 유지하면서 화장과 더러움을 지웁니다. 물만으로 깨끗하게 씻어낼 수 있으며 사용감도 매끈하므로 기름을 사용한 클렌징을 좋아하지 않는 사람에게 이 클렌징 방법을 추천합니다.

클렌징 후에 피부는 벌꿀의 보습 효과로 촉촉해집니다. 또한 벌꿀의 살균 작용은 피부를 청결하게 유지해 줍니다.

베이킹 소다 클렌징

효과 모공의 더러움 제거

재료 베이킹 소다 1작은술, 글리세린 1작은술

만드는 방법 재료를 골고루 잘 섞어 약간 걸쭉한 상태로 만듭니다.

사용 방법 적당량을 피부에 부드럽게 문질러 주고 씻어 냅니다.

보관 밀폐 용기에 담아 서늘하고 어두운 곳에 두고 1개월까지 사용합니다.

베이킹 소다의 미세한 입자가 모공에 끼인 더러움과 피지를 지웁니다. 자주 화장을 하지 않는 사람은 1회분씩 만드는 편이 좋으나 매일 클렌징이 필요한 사람은 베이킹 소다와 글리세린을 같은 양으로 골고루 섞어, 1개월분을 한꺼번에 만들어 두어도 좋습니다.

세안

세안은 피부의 더러움을 지나치지 않게 씻어 내는 것이 중요합니다. 박박 문지르지 않고, 미온수로 부드럽게 씻도록 합니다. 자연 재료를 사용한 세안은 시판 중인 세안제와 비교했을 때 피부에 순하기 때문에 안심할 수 있습니다. 하지만 피부에 자극이나 위화감이 느껴진다면 세안제를 희석하여 사용하거나 사용을 멈추세요.

녹차 세안

효과 미백, 기미 및 색소 침착 개선

재료 여러 번 우려낸 녹차 200ml(1컵)

사용 방법 세면 용기가 가득 찰 정도의 미온수에 녹차를 붓고, 피부를 부드럽게 두드려 주며 세안합니다.

녹차 성분에는 피부를 바짝 조여 여분의 피지를 제거하는 효과가 있습니다. 여러 번 우려낸 녹차는 처음 우려낸 것과 비교했을 때, 카페인이 적고 피부 자극도 적습니다. 마시고 남은 녹차를 세안에도 사용하면 편리합니다. 녹차 이외의 차를 재료로 대체할 수 있습니다.

소금 세안

효과 살균(여드름 예방), 피부 수축

재료 천연 소금 1~2작은술

사용 방법 세면 용기가 가득 찰 정도의 미온수에 소금을 녹여 세안합니다.

천연 소금에는 우리 몸에 필요한 미네랄 성분이 들어 있습니다. 몸 안팎으로 불필요한 물질을 배출해 신진대사를 높이고, 피부의 더러움과 잡균을 씻어 내고 피부가 거칠어지는 것을 예방합니다.

세안 후에는 땅김 없이 피부가 깔끔하고 매끈해집니다. 피부 유형과 상태에 따라 찌르르한 자극을 느낄 수도 있으므로 묽게 시작하는 것이 좋습니다.

식초 세안

효과 살균(여드름 예방), 피부의 산도(pH) 균형 조절

재료 식초 1작은술

사용 방법 세안 후 세면 용기가 가득 찰 정도의 미온수에 식초를 붓고 헹굽니다.

식초는 강한 살균력으로 여드름을 예방하고 피부를 청결하게 유지합니다. 또한 비누나 베이킹 소다로 세안을 한 후, 산성인 식초로 피부를 헹구면 알칼리성으로 치우쳐진 피부의 산도(pH)가 조절되고, 피부의 달라진 감촉을 느낄 수 있습니다.

베이킹 소다 세안

효과 모공과 각질 및 피지 관리

재료 베이킹 소다 반 작은술

사용 방법 세면 용기가 가득 찰 정도의 미온수에 베이킹 소다를 녹여 세안합니다.

베이킹 소다는 여분의 피지와 더러움을 제거하는 효과가 있어 여드름이 잘 생기거나 지성 피부인 사람에게 추천하는 재료입니다. 또한 오래된 각질을 관리하고 모공의 더러움을 씻어 냅니다. 복합성 피부인 사람은 이마와 코 등 피지 분비가 많은 부위만 씻어도 좋습니다.

달걀흰자 세안

효과 보습, 모공 및 피지 관리, 살균(여드름 예방)

재료 달걀흰자 1개

사용 방법 달걀흰자를 피부에 문지르며 마사지한 후 씻어 냅니다.

달걀흰자는 여분의 피지를 씻어 냅니다. 그리고 보습과 살균, 피부 재생을 촉진합니다.

우리 집 근처에 사시는 80대 할머니는 젊은 시절, 세안이나 목욕을 한 뒤 달걀 껍데기에 남아 있던 달걀흰자를 피부에 발랐다고 합니다.

벌꿀 세안

효과 보습, 살균(여드름 예방)

재료 벌꿀 1작은술

사용 방법 거품을 낸 비누 또는 평소 사용하는 세안제에 벌꿀을 잘 섞어 세안합니다.

보습 효과가 있는 벌꿀을 세안제에 조금 곁들이는 것만으로 세안을 끝낸 피부가 땅김 없이 부드럽고 탱탱해집니다. 잦은 비누 세안으로 피부가 건조한 사람에게 추천합니다. 살균 효과도 있어 피부를 청결하게 유지해 줍니다.

쌀뜨물 세안

효과 보습, 기미 및 주름 개선

재료 쌀뜨물 적당량

사용 방법 쌀뜨물을 세면 용기에 담아 피부를 두드리며 세안합니다.

보관 냉장 보관하여 다음날까지 사용합니다.

집 근처에 사시는 80대 할머니에게 배운 방법입니다. 쌀뜨물의 쌀겨 성분은 피부의 수분 증발을 예방하고 윤기를 유지해 줍니다. 옛날에는 쌀뜨물을 입욕제 대신 욕조에 넣고 얼굴을 씻고 머리를 감는 데 사용했다고 합니다. 세안에 자주 사용하며, 건조한 피부에 화장수 대신 스프레이로 뿌려도 좋습니다.

쌀겨 세안

효과 미백, 보습

재료 쌀겨 1큰술

만드는 방법 쌀겨를 거즈로 잘 싸서 내용물이 흘러나오지 않도록 고무줄로 묶습니다.

사용 방법 미온수에 넣어 우려낸 후 세안합니다.

쌀겨는 현미를 정미할 때 나오는 표피 및 배아 부분입니다. 리놀레산과 비타민 E 등이 많으며, 피부의 더러움을 씻어 내고 윤기와 영양을 더해 줍니다. 쌀겨로 세안이나 목욕을 하면, 필요 이상의 피지가 씻겨 나가지 않습니다. 또한 자극이 적어 건조한 계절에도 피부가 땅기지 않습니다.

[칼럼 1]

수제 화장품 기초 지식

패치 테스트

자연 재료라 할지라도 체질과 피부 유형 또는 몸의 상태에 따라 알레르기 반응이나 자극을 느낄 수 있습니다.

재료가 자신의 피부에 맞을지 반드시 시험한 뒤에 이용하세요. 팔 안쪽에 100원짜리 동전 크기 정도로 화장품을 바르고 나서 10분 후에 이상(가려움, 붉은 기, 습진 등)이 없는지 확인합니다. 다시 한 번, 수제 화장품을 사용할 부위에 소량을 바르고 24시간 동안 두었다가 재확인을 합시다.

열탕 소독

화장품 보관 용기, 사용하는 도구 등은 사용 전에 살균, 소독합니다. 물을 한 가득 채운 냄비에 용기와 도구를 담그고 1~2분 동안 삶은 후, 뜨거울 때 꺼내 자연 건조합니다. 큰 용기 또는 열에 약한 용기는 깨끗하게 마른 행주에 35도 이상의 알코올을 스며들게 하여, 꼼꼼히 닦아 소독합니다.

용기

화장품 보관 용기는 유리 재질로 뚜껑이 있는 것이 안정성이 높고, 보관하기에 적당합니다. 잼이나 음료가 들어 있었던 유리 용기를 모아 두면 편리합니다.

플라스틱 용기는 장기간 보관할 경우, 내용물에 따라 용기의 재료 성분이 녹아 나올 수 있습니다. 하지만 가볍고 깨질 염려가 없으며 휴대하기에도 좋기 때문에 단기 여행을 할 때 편리합니다. 목적과 내용물에 따라 용기를 구분해서 사용하세요.

스크럽

스크럽 세안은 알갱이 상태의 입자를 이용하여 마찰력으로 모공의 더러움, 여분의 피지, 오래된 각질을 제거합니다. 평상시 사용하던 비누나 세안제에 취향의 재료를 더하는 것만으로도 수제 스크럽 세안이 가능합니다. 지나친 스크럽은 피부를 상하게 하는 원인이 되므로 주 1~2회가 적당합니다.

효과 모공, 피지, 각질 관리

사용 방법
- 비누 또는 세안제에 각각의 재료를 1작은술 섞어 세안합니다.
- 벌꿀 또는 선호하는 오일 2작은술에 각각의 재료를 1작은술 섞어 얼굴과 전신에 부드럽게 마사지한 후 씻어 냅니다.

흑설탕 스크럽

재료 흑설탕 1작은술

스크럽

모공과 각질을 관리해 주고 흑설탕의 미네랄 성분이 피부에 윤기와 영양을 더해 줍니다. 거칠고 건조한 피부가 신경 쓰이는 사람에게 추천합니다. 사용 후 피부는 매끈하고 부드러워지기 때문에 얼굴뿐만 아니라, 팔꿈치, 무릎, 발뒤꿈치 등에도 사용해 보세요. 먹고 싶어질 정도로 달콤한 향기의 스크럽입니다.

베이킹 소다 스크럽

재료 베이킹 소다 1작은술

블랙헤드가 걱정되는 콧방울 주변 등에 부분적으로 사용하면 좋습니다. 그럴 때에는 소량의 물로 반죽하여 약간 걸쭉한 상태로 만든 것을 문질러 주고 물로 씻어 냅니다. 세안 후 피부가 땅기거나 건조해지는 것이 걱정되는 사람은 보습 효과가 있는 소재를 섞어 사용하거나 소량의 스크럽을 사용하는 것이 좋습니다. 사용 후에는 꼼꼼하게 보습하여 관리해 주세요.

쌀겨 스크럽

재료 쌀겨 1작은술

민감성 또는 건성 피부에 추천합니다. 쌀겨는 예로부터 비누 대신 써 온 친근한 재료입니다. 나는 쌀겨를 장아찌 재료로 이용하거나 볶아서 후리카케(어육이나 김 따위를 가루로 만들어 밥에 뿌려 먹는 식품)로 만들기도 하고, 정원과 밭에 거름으로도 씁니다. 또한 얼굴과 몸을 씻을 때 등 언제나 활용합니다.

녹차 스크럽

재료 녹차 1작은술

만드는 방법 녹차를 절구로 곱게 빻아줍니다.

보관 밀폐 용기에 넣어 상온에 두고 1개월까지 사용합니다.

찻잎을 곱게 빻아 주는 방법 외에 말차(녹차의 일종으로 찻잎을 쪄서 비비지 않고 말린 차를 분말로 만든 것)를 이용해도 좋습니다. 피부가 산뜻해지기 때문에 지성 피부와 여드름 관리, 여름철 더운 시기에 좋습니다. 녹차의 산뜻한 향기는 긴장을 풀어 주기도 합니다.

나는 다 쓰지 못하고 남기거나 너무 오래된 것은 천연 염색 재료로 씁니다. 또는 스크럽, 세안제, 화장수, 입욕제, 린스 등으로 이용합니다.

팥 스크럽

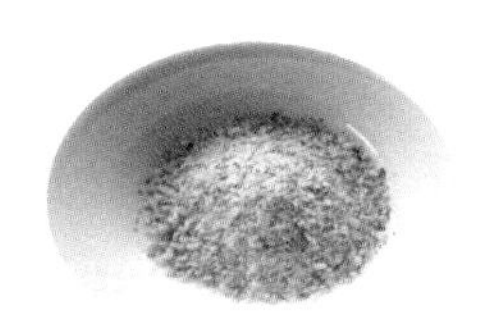

재료 팥 한 줌(약 4회분)

만드는 방법 팥을 2~3분간 약한 불로 볶은 다음, 팥의 열기가 식으면 절구(또는 믹서)로 곱게 빻아 분말로 만듭니다.

보관 밀폐 용기에 넣어 상온에 두고 1개월까지 사용합니다.

팥의 성분인 사포닌은 물과 섞이면 거품이 나는 성질이 있어 예로부터 세안제로 쓰여 왔습니다. 굵게 빻은 팥은 스크럽 효과가 있으며, 피부의 더러움을 씻어 내는 동시에 피부 결을 밝게 정돈해 줍니다. 모든 피부 유형에 사용하기 좋습니다. 나는 벌레를 먹어 요리용으로 쓸 수 없거나 깨진 팥으로 스크럽을 만듭니다.

소금 스크럽

재료 천연 소금 1작은술

소금은 예로부터 미용을 위해서도 쓰였던 대표적인 천연 스크럽 재료입니다. 입자가 큰 소금은 피부를 손상시키는 원인이 되므로 입자가 고운 소금을 골라 절구로 곱게 빻은 후에 사용하는 것이 좋습니다. 자극이 강한 편이므로 피부가 따끔거리거나 상처가 있는 경우에는 사용을 멈추세요.

귤껍질 스크럽

재료 귤껍질 적당량

만드는 방법 귤껍질이 바삭해질 때까지 햇볕에 말린 후, 절구(또는 믹서)로 곱게 빻아 분말로 만듭니다.

보관 귤껍질- 밀폐 용기 또는 종이나 천 주머니에 넣어 통풍이 잘 되는 곳에 두고 1년까지 사용합니다.

분말- 밀폐 용기에 넣어 상온에 두고 1개월까지 사용합니다.

귤껍질은 비타민 C가 풍부하여 윤기를 유지해 주고 피부의 신진대사를 촉진합니다. 감귤 향기도 매력입니다. 차로 마시거나 향신료로 사용하기에도 좋으며, 약용 및 입욕제, 방충제 등 다방면으로 이용할 수 있습니다. 그래서 나는 매년 겨울 동안 먹은 귤껍질을 보관해 둡니다. 분말은 시간이 지나면 향이 옅어지기 때문에 사용할 만큼만 만들고, 되도록 껍질 그대로 보관해 둡니다.

콩가루 스크럽

재료 대두 한 줌(약 4회분)

만드는 방법 말린 대두를 약한 불에 살짝 검게 탈 정도로 볶은 다음, 대두의 열기가 식으면 절구(또는 믹서)로 곱게 빻아 분말로 만듭니다.

보관 밀폐 용기에 넣어 상온에 두고 1개월까지 사용합니다.

대두에 들어 있는 영양 성분과 유분은 피부에 수분과 영양을 더해 주고, 피지 분비를 조절합니다. 피부에 부담을 주지 않으면서 더러움을 씻어 낼 수 있기 때문에 민감성이나 건성 피부에 추천하는 재료입니다.

콩가루는 간단히 만들 수 있으며, 향기가 좋으니 직접 만들어 보세요.

팩

팩은 피부 표면에 얇은 막을 만들어 피부에 수분과 영양을 제공하고, 오래된 각질과 여분의 피지를 제거합니다. 채소와 과일 등으로 만든 천연 팩은 자극이 적고 순하지만, 필요 이상으로 각질과 피지를 자주 제거하면, 피부가 건조해지고 거칠어집니다. 따라서 주 1~2회 정도가 적당합니다.

여러 가지 간단한 재료를 소개합니다. 피부 상태와 취향에 맞게 보습 또는 세정 효과가 있는 재료를 더하여 자신만의 팩을 만들어 보세요.

사용 방법 얼굴에 발랐을 때, 흘러내리지 않을 정도의 농도가 적당합니다. 세안을 끝낸 후 피부에 발라 5~10분 정도 두었다가 씻어 냅니다.

녹차(말차) 팩

효과 미백, 기미 개선, 살균(여드름 예방)

왼쪽부터 녹차, 말차

재료 여러 번 우려낸 녹차 또는 말차 1작은술, 밀가루 2작은술

만드는 방법 여러 번 우려낸 녹차의 찻잎을 곱게 으깬 다음, 밀가루를 넣고 섞어 줍니다. 또는 말차에 밀가루와 소량의 물을 넣고 섞어 줍니다.

녹차는 미백 효과가 있으며, 피부를 거칠게 만드는 원인인 활성 탄소를 제거하는 효과가 높은 재료입니다. 여러 번 우려낸 녹차에도 영양 성분이 여전히 많이 있습니다. 만드는 것이 귀찮을 땐, 우려낸 녹차 잎을 직접 피부에 올려놓는 것만으로도 효과가 있습니다.

벌꿀 팩

효과 보습, 살균(여드름 예방)

재료 벌꿀 2작은술

벌꿀은 예로부터 화장품과 약의 원료로 쓰였습니다. 다른 재료의 팩에 벌꿀을 1작은술 정도 넣어 주거나 선호하는 스크럽(32~36쪽 참고)에 벌꿀을 약간 넣어도 좋습니다.

사과 팩

효과 모공의 더러움 제거, 각질 관리, 기미와 주름 및 색소 침착 개선

재료 으깬 사과 심지 및 껍질 2작은술, 밀가루 2작은술

만드는 방법 먹고 남은 사과의 심지와 껍질을 절구로 으깬 다음, 밀가루와 소량의 물을 넣고 잘 섞어 줍니다.

먹고 남은 사과의 심지 부분과 껍질을 활용한 팩입니다. 사과에 들어 있는 성분은 모공 깊숙한 곳의 더러움과 오래된 각질을 제거합니다. 피지의 균형을 맞춰 주기 때문에 유분기가 많은 피부, 건조하고 각질이 일어나기 쉬운 피부에 좋습니다.

포도 팩

효과 미백, 보습, 각질 관리

재료 으깬 포도 껍질 2작은술, 밀가루 2작은술

만드는 방법 먹고 남은 포도 껍질을 절구로 으깬 다음, 밀가루를 넣고 섞어 줍니다.

포도에 들어 있는 과일산은 각질을 순하게 제거합니다. 또한 비타민 C와 항산화 성분은 미백 효과, 노화 방지 효과가 있습니다. 포도 껍질을 버리지 않고 사용할 방법이 없을까 궁리하다가 팩을 만들었고, 손발 등 피부 마사지에도 이용합니다.

흑설탕 팩

효과 보습, 각질 및 모공 관리

재료 흑설탕 2작은술, 밀가루 2작은술

만드는 방법 흑설탕에 밀가루와 소량의 물을 넣고 섞어 줍니다.

흑설탕은 피부의 수분 증발을 막고, 모공의 더러움과 각질을 제거합니다. 팩을 하고 나면 피부 결이 고와지며, 피부에 영양이 공급된 것을 느낄 수 있습니다.

귤과 귤껍질 팩

효과 귤 – 미백, 기미 및 주근깨 개선 / 귤껍질 – 보습, 각질 및 모공 관리

왼쪽부터 귤, 귤껍질 팩

재료 귤– 으깬 귤 1개, 밀가루 2작은술

귤껍질– 귤껍질(분말) 1작은술, 밀가루 2작은술

만드는 방법 귤 1개를 절구로 으깬 후 밀가루를 넣고 섞어 줍니다. 또는 말린 귤껍질을 절구로 빻은 후 밀가루와 소량의 물을 넣고 섞어 줍니다.

대부분 과일엔 과일산과 비타민 C 등 미용 효과가 높은 성분이 들어 있습니다. 나는 먹고 남은 귤껍질을 보관해 두었다가 팩으로 만듭니다. 귤껍질은 뛰어난 향 때문에 개인적으로 좋아하는 재료 중 하나입니다.

달걀노른자 팩

효과 보습, 주름 예방

재료 달걀노른자 1개, 밀가루 2작은술

만드는 방법 분리된 달걀노른자에 밀가루를 넣고 섞어 줍니다.

달걀노른자가 함유한 성분은 노화 방지 효과가 뛰어나며, 피부 세포를 활성화하여 주름이 생기고 피부가 거칠어지는 것을 예방합니다.

달걀흰자는 세안(24쪽)재료로, 달걀 껍데기의 얇은 막은 화장수 재료(68쪽)로 쓰입니다. 빵이나 과자를 만들고 남은 달걀흰자와 노른자를 팩으로 이용하면 좋습니다.

당근 팩

효과 미백, 보습, 색소 침착 개선

재료 당근 꼭지 1개, 밀가루 2작은술

만드는 방법 당근 꼭지를 강판으로 간 다음, 밀가루와 소량의 물을 넣고 섞어 줍니다.

당근은 항산화 작용을 하며, 피부 재생 효과가 뛰어납니다. 피부 문제 해결을 돕고 피부 상태를 정돈해 줍니다. 당근 꼭지 1개로 팩 1회분을 만들 수 있습니다.

우엉 팩

효과 살균(여드름 예방), 소염(여드름 관리), 햇볕에 그을린 피부 관리

재료 강판으로 간 우엉 2작은술, 밀가루 2작은술

만드는 방법 우엉을 강판으로 간 다음, 밀가루와 소량의 물을 넣고 섞어 줍니다.

우엉은 본래 중국에서 약초로 들어와 해독제, 소염제, 고름 배출을 위한 약으로 쓰였습니다. 여드름, 뾰루지 등이 생겼을 때 쓰면 좋습니다.

나는 뿌리가 많고 딱딱해서 요리에 쓰기 어려운 우엉 끝 부분으로 팩을 만듭니다.

다시마 팩

효과 피지 관리, 색소 침착 개선, 햇볕에 그을린 피부 관리

재료 으깬 다시마 2작은술, 밀가루 2작은술

만드는 방법 다시마를 가늘게 썰어 절구로 으깬 다음, 밀가루를 넣고 섞어 줍니다.

보관 냉동 보관하여 1개월까지 사용합니다.

해조는 피부 관리실에서 타라소 테라피(바닷물, 바다풀, 바다흙 등을 사용해 순환기 장애나 신경증 등을 치료하는 미용법) 팩 재료로 자주 쓰입니다. 천연 미네랄이 들어 있어 피부 미용 효과가 뛰어납니다.

나는 국물을 만드는 데 사용했던 다시마를 가늘게 썰어 조림으로 만들어 먹거나 팩으로 만듭니다.

양배추 팩

효과 미백, 소염(여드름 관리)

재료 강판으로 간 양배추 심지 2작은술, 밀가루 2작은술

만드는 방법 요리하고 남은 양배추 심지와 줄기를 강판으로 간 다음, 밀가루와 소량의 물을 넣고 섞어 줍니다.

양배추가 함유한 성분은 염증을 가라앉히고, 여드름을 치료하는 등 피부 재생에 효과적입니다. 양배추 심지는 냉장 보관할 경우, 2~5일 정도 신선하게 사용할 수 있습니다.

브로콜리 팩

효과 미백, 기미 및 주근깨 개선

재료 강판으로 간 브로콜리 줄기 2작은술, 밀가루 2작은술

만드는 방법 브로콜리의 심지와 줄기를 강판으로 간 다음, 밀가루와 소량의 물을 넣고 섞어 줍니다.

브로콜리에는 피부 미용과 노화 방지에 효과적인 비타민이 풍부합니다. 나는 심지 부분도 잘게 썰어 조리하여 먹거나 딱딱한 부분은 팩으로 만드는 등 남기는 부분 없이 사용합니다. 브로콜리 줄기는 냉장 보관할 경우, 2~5일 정도 신선하게 사용할 수 있습니다.

양파 팩

효과 피지 관리, 살균(여드름 예방)

재료 강판으로 간 양파 2작은술, 밀가루 2작은술

만드는 방법 껍질 벗긴 양파를 강판에 간 다음, 밀가루를 넣고 섞어 줍니다.

양파는 불필요한 피지를 녹여 피지의 균형을 맞추고, 피부를 청결하게 합니다. 따라서 지성 피부에 적합한 팩입니다. 매운 성분 때문에 피부가 따끔거리거나 땅길 수도 있으므로 처음 사용할 때에는 주의해 주세요. 양파 껍질은 화장수 재료(79쪽)로도 쓰입니다.

감자 팩

효과 미백, 기미 및 주근깨 개선, 햇볕에 그을린 피부 관리

재료 강판에 간 감자 2작은술, 밀가루 2작은술

만드는 방법 감자를 껍질째 강판에 간 다음, 밀가루를 넣고 섞어 줍니 다.

감자는 알칼리성 식품으로 햇볕에 그을린 피부를 진정시킵니다. 비타민 C도 풍부하여 기미와 주근깨를 개선합니다.

나는 먹기에는 크기가 작은 감자로 팩을 만듭니다. 고구마로도 만들 수 있으며 동일한 효과가 있습니다.

시금치 팩

효과 미백, 보습

재료 으깬 시금치 뿌리 2작은술, 밀가루 2작은술

만드는 방법 시금치 뿌리를 절구로 곱게 으깬 다음, 밀가루를 넣고 섞어 줍니다.

시금치는 녹황색 채소의 대표라고 불릴 정도로 영양소가 많은 채소입니다. 뿌리의 붉은 부분엔 많은 영양이 들어 있으므로 버리지 말고 팩으로 사용해 보세요.

파슬리 팩

효과 미백, 기미 개선, 피부 세포 재생

재료 으깬 파슬리 2작은술, 밀가루 2작은술

만드는 방법 파슬리를 절구로 곱게 으깬 다음, 밀가루와 소량의 물을 넣고 섞어 줍니다.

파슬리는 채소 가운데에서도 영양소 함유량이 가장 높습니다. 나는 정원 화분에 파슬리를 키우는데, 항상 다 먹지 못할 정도로 수확량이 많아서 팩으로 이용합니다. 파슬리는 화분에 심어 간편하게 키울 수 있습니다.

참기름 팩

효과 보습, 노화 방지

재료 참기름(투명한 종류) 반 작은술

사용 방법 세안 후 손바닥을 이용해 참기름을 사람의 체온 정도로 데운 다음, 얼굴에 가볍게 펴 바릅니다. 얼굴 위에 스팀 타월을 대고 2~3분 정도 그대로 두었다가 닦아 냅니다.

참기름은 인도의 자연 치유법인 아유루베다에서 마사지 오일로 쓰이며, 중국에서는 오래전부터 연고의 원료로 쓰였습니다. 자연스러운 압착법으로 만든 유채유나 올리브유도 같은 방식으로 쓸 수 있습니다.

요구르트 팩

효과 보습, 미백, 노화 방지

재료 플레인 요구르트 위의 맑은 액체(유청) 2작은술

사용 방법 세안 후 피부에 바르고 5~10분 정도 두었다가 씻어 냅니다.

보관 냉장 보관하여 2~3일간 사용합니다.

요구르트 위에 떠 있는 맑은 액체는 수분이 분리된 것으로 영양 성분이 들어 있습니다. 오래된 각질과 노폐물을 제거하고 피부의 신진대사를 원활하게 합니다.

수박 팩

효과 보습, 햇볕에 그을린 피부 관리

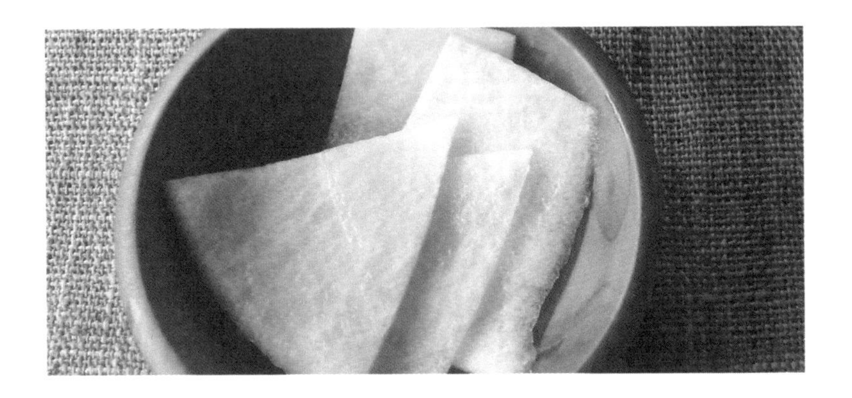

재료 수박 껍질 적당량

만드는 방법 수박 껍질의 녹색 부분을 제거한 후, 피부에 올려놓기 좋은 모양으로 자릅니다.

사용 방법 세안 후 피부에 올려놓고 5~10분 정도 그대로 둡니다.

수박 껍질의 흰 부분은 피부에 수분을 보충하고, 햇볕에 그을려 붉은 피부를 진정시킵니다. 동그란 모양으로 자른 오이로도 같은 효과를 볼 수 있습니다.

나는 수박을 먹고 남은 껍질로 쯔께모노(채소를 소금, 쌀겨, 미소, 간장, 술지게미 등이나 조미 액에 절여 보존성을 높인 음식)를 만들거나 팩, 전신 마사지 재료로 이용합니다.

소금 누룩 팩

효과 보습, 살균(여드름 관리), 피지 관리

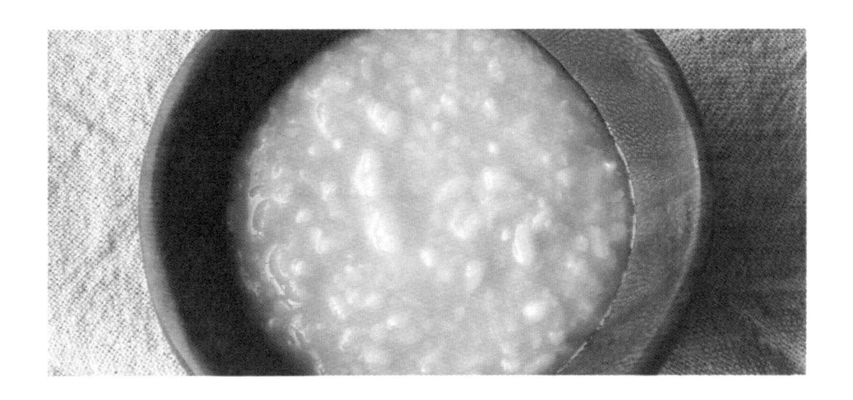

재료 누룩 300g, 소금 100g

만드는 방법 누룩과 소금을 섞은 다음, 자작해질 때까지 물을 부어 줍니다. 서늘하고 어두운 곳에 1주일 정도 두고 걸쭉한 상태로 만듭니다.

사용 방법 세안 후 피부에 2작은술 바르고 5~10분 후에 씻어 냅니다.

보관 냉장 보관하여 2~3개월까지 사용합니다.

누룩균은 된장, 간장, 청주 등 발효 식품을 만드는 재료로 쓰입니다. 누룩의 다양한 기능이 주목을 받는데, 그중엔 미용 효과도 있어 현재는 화장품에도 활용됩니다. 소금과 누룩 모두 미용 효과가 있는 재료이기 때문에 이 두 가지를 섞은 팩은 분명히 피부에 좋다는 생각으로 팩을 만들어 봤습니다. 과연 피부가 매끈하고 보들보들해졌습니다.

술지게미 팩

효과 보습, 미백, 피부 문제 전반 개선

재료 술지게미 100g

만드는 방법 술지게미를 절구로 으깬 다음, 소량의 청주(또는 물)를 붓고 약간 걸쭉한 상태로 만듭니다.

사용 방법 세안 후 피부에 2작은술 바르고 5~10분 후에 씻어 냅니다.

보관 밀폐 용기에 넣고 냉장 보관하여 2주간 사용합니다.

예로부터 양조장에서 일하는 사람의 손이 곱다는 말이 있듯이 술지게미에는 피부 보습 및 멜라닌 생성을 억제하는 기능이 있어 여러 가지 피부 문제 개선에 효과적입니다. 손과 발에 팩을 해도 좋습니다. 나는 겨울에 아마자케(단맛이 나는 일본의 전통주로 쌀누룩, 누룩 또는 지게미를 원료로 한 음료)를 만들고 나서 술지게미로 팩을 합니다.

[칼럼 2]

식물 진액 추출 방법

화장수, 크림, 팩 등은 다양한 식물 진액을 더하여 만들어집니다. 각각의 식물이 갖고 있는 효능의 차이점을 이해하고, 자신에게 맞는 것을 골라 봅시다. 가정에서 간단하게 만들 수 있는 방법을 몇 가지 소개합니다.

침출하기

재료 물 200ml, 말린 허브나 차, 약초 등 적당량(1작은술 정도)

만드는 방법 뜨거운 물에 허브 등을 넣고 뚜껑을 덮은 뒤 10분 정도 둡니다. 물을 분리해서 차게 식힌 다음 사용합니다.

허브차를 만드는 요령으로 식물 진액을 추출하는 방법입니다. 화장수, 린스, 팩 재료로 정제수 대신 쓸 수 있습니다. 재료에 따라 추출되는 농도가 다르므로 허브 양을 잘 조절합니다. 보관 기간이 짧으므로 만들어서 바로 이용합니다.

끓여서 우려내기

재료 물 200ml, 말린 허브나 차, 약초(생잎 또는 말린 잎) 등 적당량

만드는 방법 냄비에 물과 허브를 넣고 끓기 시작하면, 약한 불로 2~3분 정도 더 우려냅니다. 허브는 건져 내고 물은 식힌 다음 사용합니다.

침출하는 방법보다 끓여서 우려내는 방법이 성분을 진하게 추출합니다. 우려낸 물은 정제수 대신 쓸 수 있습니다. 재료의 종류와 상태(생잎 또는 말린 잎)에 따라 추출 농도가 다르므로 잎의 양을 잘 조절합니다. 보관 기간이 짧으므로 만들어서 바로 이용합니다.

알코올에 절이기(팅크)

재료 알코올(25도 이상) 200ml, 허브나 차, 약초(생잎 또는 말린 잎) 등 적당량

만드는 방법 1. 허브 등을 적당한 크기로 잘라 병에 넣고 잎이 잠길 때까지 알코올을 부어 줍니다.
2. 서늘하고 어두운 곳에 1개월 정도 둡니다.
3. 깨끗한 천으로 진액을 걸러 냅니다.

보관 서늘하고 어두운 곳에 두고 1년까지 사용합니다.

팅크란, 식물을 알코올에 담아 추출한 진액을 말합니다. 알코올 자극에 민감한 사람은 팅크를 끓여 알코올 성분을 날려 보낸 후 사용하면 좋습니다. 화장수, 구강 세정제, 탈취제, 방충제를 만들 때 알코올 대신 쓸 수 있습니다.

오일에 절이기

재료 식물성 기름(참기름, 올리브유 등) 100ml, 허브나 차, 약초(생잎 또는 말린 잎) 등 적당량

만드는 방법 1. 허브 등을 적당한 크기로 잘라 병에 넣고 잎이 잠길 때까지 식물성 기름을 부어 줍니다.

2. 서늘하고 어두운 곳에 2주 정도 둡니다.

3. 안에 들어 있는 허브 등을 꺼냅니다.

보관 서늘하고 어두운 곳에 두고 2~3개월까지 사용합니다.

식물성 기름으로는 향이나 특징이 적어 좀처럼 산화되지 않는 것이 좋습니다. 식용으로는 참기름, 올리브유를 추천합니다. 크림, 연고, 마사지 오일을 만들 때나 요리에 이용합니다. 농도를 진하게 하려면, 허브를 추가합니다.

식초에 절이기

재료 식초 200ml, 허브나 차, 약초(생잎 또는 말린 잎) 등 적당량

만드는 방법 1. 허브 등을 적당한 크기로 잘라 병에 넣고 잎이 잠길 때까지 식초를 부어 줍니다.

2. 서늘하고 어두운 곳에 2주 정도 둡니다.

3. 천으로 진액을 걸러 냅니다.

보관 서늘하고 어두운 곳에 두고 1년까지 사용합니다.

식초는 사과 식초처럼 비교적 부드러운 향기의 과실초가 좋습니다. 알코올 자극에 취약한 사람이나 어린이들도 쓸 수 있습니다. 입욕제, 화장수, 린스, 구강 세정제, 방충제를 만들 때 쓰거나 요리할 때에도 이용합니다. 농도를 진하게 하려면, 허브를 추가합니다.

화장수

화장수는 세안으로 피지 막이 씻겨 나가 건조해지기 쉬운 피부에 수분을 채우기 위해 사용합니다. 얼굴뿐 아니라, 목덜미와 건조한 부위, 손발 및 신체 모든 부위에 사용해 봅시다.

간단한 재료들을 소개하니 다른 재료와 함께 써 변형하여 만들거나 허브 진액 또는 방향유(식물에서 채취하여 정제한 기름)로 향기를 더해 자신만의 고유한 화장수를 만들어 봅시다.

수세미 화장수

효과 보습, 햇볕에 그을린 피부 관리, 피부 세포 재생

화
장
수

재료 수세미 1개

만드는 방법 1. 수세미 줄기를 뿌리와 맞닿아 있는 아랫부분부터 30~35cm 정도 자른 후, 자른 줄기의 입구 부분을 빈 병에 꽂아 줍니다.

2. 병의 입구와 줄기의 틈을 천 또는 테이프로 감아 줍니다.

3. 병 속에 고인 물은 행주 등으로 걸러 내고, 살균 처리를 위해 1~2분 동안 끓입니다.

4. 밀폐 용기에 넣어 보관합니다(열탕 소독한 병에 나눠 보관하면 좋습니다).

사용 방법 세안 후 피부에 바릅니다.

보관 개봉 전- 서늘하고 어두운 곳에 두고 2~3개월까지 사용합니다.
개봉 후- 냉장 보관하여 1주간 사용합니다.

수세미 물은 예로부터 '미인수'로 불리며, 화장수로 이용되어 왔습니다. 수세미는 햇볕을 가려 주는 녹색 식물 커튼이 되기도 하며, 베란다나 마당에서도 손쉽게 키울 수 있습니다. 4~5월에 모종을 사다 심어도 되고, 직접 씨앗을 뿌려 키울 수도 있습니다. 9월에 열매가 자라면 화장수로 만들어 쓸 수 있습니다.

잡균이 들어가지 않도록 바로 밀폐 보관하고, 개봉한 다음에는 가능한 빠른 시일 내에 사용합니다. 조금씩 나누어 용기에 담아 보관하거나 며칠 후 다시 끓여 살균하면 장기 보관할 수도 있습니다. 그러나 변질된 냄새가 나면 바로 사용을 멈추세요.

나는 수세미 열매가 작을 때 수확하여 먹거나 잘 익은 열매는 냄비를 닦는 주방 수세미로 만들어 활용합니다. 여러 가지로 쓸모가 많아 좋아하는 식물입니다.

유자 씨앗 화장수

효과 보습, 기미 및 주름 개선, 색소 침착 개선

재료 유자 씨앗 3개, 소주 200ml, 정제수 100ml, 글리세린 2작은술

만드는 방법 유자 열매에서 빼낸 씨앗을 씻지 않고 그대로 밀폐 용기에 넣어 소주를 붓고 1주일간 그대로 둡니다(씨앗이나 소주는 필요할 때 추가해도 됩니다).

사용 방법 1큰술을 덜어 내어 정제수, 글리세린과 섞은 다음, 세안 후 피부에 바릅니다.

보관 절인 유자 씨앗- 서늘하고 어두운 곳에 두고 1년간 사용합니다.
화장수- 냉장 보관하여 2주간 사용합니다.

유자 씨앗은 활성 산소를 제거하고, 세포를 회복시킵니다. 겨울에는 과즙을 유자차나 식초 대용으로 쓰고, 껍질은 말려서 과자로 먹거나 향신료, 입욕제로 씁니다. 씨앗은 화장수와 에센스 재료로 쓸 수 있으니 유자는 버릴 게 하나도 없습니다.

달걀 얇은 막 화장수

효과 보습, 기미 및 처진 피부 개선

재료 달걀 10개 얇은 막, 소주 200ml, 정제수 100ml, 글리세린 2작은술

만드는 방법 1. 달걀 껍데기를 깨끗하게 씻어 얇은 막을 벗겨 냅니다.
2. 잘 말려서 밀폐 용기에 넣고 소주를 부어 1주일간 둡니다.

사용 방법 1큰술을 덜어 내어 정제수, 글리세린과 섞은 다음, 세안 후 피부에 바릅니다.

보관 소주 절임- 서늘하고 어두운 곳에 두고 1년까지 사용합니다.
화장수- 냉장 보관하여 2주간 사용합니다.

달걀의 얇은 막에는 보습 효과가 있는 히알루론산 성분이 많습니다. 이 성분을 소주에 절여 추출할 수 있습니다. 얇은 막을 한 번에 다 모으지 않더라도 달걀을 사용할 때마다 생기는 얇은 막을 보충해서 만듭니다. 나는 남은 달걀 껍데기를 부수어 정원에 거름으로 주기도 합니다.

알로에 화장수 (1)

효과 보습, 살균 및 소염(여드름 예방 및 관리), 기미 개선, 피부 세포 재생, 피부 문제 전반 개선

재료 알로에 잎 1장, 소주 200ml, 정제수 100ml, 글리세린 2작은술

만드는 방법 1. 알로에를 씻어 가시를 제거하고 껍질 쪽 젤리 부분을 가로 세로 1cm 사각형 모양으로 자릅니다.

2. 밀폐 용기에 넣어 소주를 붓고 1주일간 둡니다.

사용 방법 소주에 절인 알로에 액을 1큰술 덜어 내어 정제수, 글리세린과 섞은 다음, 세안 후 피부에 바릅니다.

보관 소주 절임 – 상온에 두고 1년까지 사용합니다.

화장수 – 냉장 보관하여 2주간 사용합니다.

알로에는 천연 히알루론산이라고 불릴 정도로 보습 효과가 뛰어나며, 피부 문제를 종합적으로 관리해 주는 만능 식물입니다.

나는 상처나 타박상 등의 치료에도 소주에 절인 알로에 액을 약 대신 사용합니다.

알로에 화장수 (2)

효과 보습, 살균 및 소염(여드름 예방 및 관리), 기미 개선, 피부 세포 재생, 피부 문제 전반 개선

재료 알로에 잎 1장, 정제수 100ml

만드는 방법 가시를 제거한 알로에를 껍질째 5mm 정도로 둥글게 잘라, 용기에 넣고 정제수를 부어 줍니다.

사용 방법 세안 후 피부에 바릅니다.

보관 냉장 보관하여 1주일간 사용합니다.

알코올을 쓰지 않으면 보관 기간은 길지 않지만, 알코올에 민감한 사람에게 추천합니다. 바로 만들어 쓸 수 있어 편리합니다.

알로에는 손가는 일 거의 없이 화분에 쉽게 키울 수 있습니다. 알로에 한 그루 정도 집에 있으면 편리합니다.

녹차 화장수

효과 미백, 살균(여드름 예방), 햇볕에 그을린 피부 관리

재료 여러 번 우려낸 녹차 100ml, 소주(청주) 1큰술, 글리세린 2작은술

사용 방법 모든 재료를 잘 섞어 세안 후 피부에 바릅니다.

보관 냉장 보관하여 2주간 사용합니다.

피부의 유분기를 잡고, 산뜻하게 해 줍니다. 피부에 녹차만 발라도 좋습니다. 녹차의 카테킨 성분은 자외선을 흡수하고, 피부가 타는 것을 막아 주어 나는 외출 전 아이들에게 자외선 차단제 대신 발라 주기도 합니다. 같은 방식으로 녹차 이외에 다른 차로도 화장수를 만들 수 있습니다. 평소에 자주 마시는 차로 실험해 보기를 권합니다.

청주 화장수

효과 보습, 미백, 피부 결 정돈

재료 청주 50ml, 정제수 50ml

사용 방법 재료를 잘 섞어 세안 후 피부에 바릅니다.

보관 냉장 보관하여 2주간 사용합니다.

청주는 보습력이 높아 피부를 촉촉하게 만들고, 피부 결을 정돈하여 피부에 탄력을 더해 줍니다.

나는 술을 즐기는 편이 아니라 청주를 요리에 사용하거나 화장수나 입욕제(100쪽)로 활용합니다.

간수 화장수

효과 보습, 피부가 거칠어지는 것을 예방 및 개선

재료 간수 2~3방울, 정제수 100ml

사용 방법 재료를 잘 섞어 세안 후 피부에 발라 주거나 건조한 느낌이 들 때 스프레이로 뿌려 줍니다.

보관 냉장 보관하여 2주간 사용합니다.

간수는 바닷물로 소금을 만들 때 생기는 액체입니다. 풍부한 미네랄이 들어 있어 아토피나 민감성 피부인 사람, 피부가 건조하다고 느낄 때 사용하면 좋습니다. 간수는 두부를 만들 때뿐만 아니라, 된장국이나 밥을 요리할 때 조금 넣거나 입욕제 대신 몇 방울 넣기도 합니다.

목초액 화장수

효과 가려움 진정, 살균(여드름 예방), 피부 세포 재생

재료 목초액 1작은술, 정제수 200ml(취향에 따라 글리세린을 2작은술 정도 넣어도 좋습니다.)

사용 방법 재료를 잘 섞어 세안 후 피부에 바릅니다.

보관 냉장 보관하여 2주간 사용합니다.

목초액이란 목탄을 만드는 과정에서 발생하는 액체로서 유기산을 포함하여 목재 본래의 성분이 200종류 이상 들어 있습니다. 그 성분에는 방충 효과, 염증과 가려움 진정 효과 등이 있으며, 아토피성 피부염이나 건성 피부, 민감성 피부의 증상을 완화하는 효과가 있습니다. 나는 텃밭용 자연 농약 또는 입욕제로도 활용합니다.

무 화장수

효과 소염(여드름 관리), 살균(여드름 예방), 피지 관리

재료 간 무 1큰술

만드는 방법 무를 간 다음, 행주 등으로 싸서 국물이 나오도록 짭니다.

사용 방법 세안 후 피부, 여드름이나 유분기가 많은 부위에 바릅니다.

간 무에 들어 있는 효소는 소염과 살균, 여분의 피지 분해, 여드름 예방 및 관리 효과가 있으며 피부를 청결하게 유지해 줍니다. 매년 집 텃밭에서 무를 키웁니다. 겨울 동안에는 요리뿐만 아니라, 감기 초기 또는 목이 아플 때에 약 대신으로 이용합니다.

오이 화장수

효과 햇볕에 그을린 피부 관리, 소염(여드름 관리), 미백

재료 오이 반 개, 소주 1큰술, 글리세린 2작은술

사용 방법 1. 오이를 갈아서 행주로 짭니다.

2. 오이 액과 다른 재료들을 잘 섞은 다음, 오이 액 5배 정도 분량의 정제수를 부어 희석한 것을 세안 후 피부에 바릅니다.

보관 냉장 보관하여 1주간 사용합니다.

오이는 소염, 진정 효과가 있어 햇볕에 그을려 붉어진 피부를 진정시킵니다. 나는 텃밭에서 수확할 때를 놓쳐 지나치게 커진 오이로 화장수를 만듭니다. 손이나 발에도 사용할 수 있습니다.

양파 껍질 화장수

효과 보습, 미백, 살균(여드름 예방)

재료 양파 1개 껍질, 정제수 150ml, 소주 1큰술, 글리세린 2작은술

만드는 방법 1. 양파 껍질과 정제수를 냄비에 넣고 2~3분간 끓입니다.
2. 껍질을 걸러 낸 정제수에 소주와 글리세린을 넣고 섞어 줍니다.

사용 방법 세안 후 피부에 바릅니다.

보관 냉장 보관하여 2주간 사용합니다.

양파 껍질에는 알맹이보다 더 많은 영양 성분과 항산화 작용을 하는 색소 성분이 들어 있습니다. 체중 조절, 독소 제거 효과가 있어 건강식 차로 인기 있습니다. 나는 텃밭에서 양파를 키워 껍질은 스프의 베이스, 천연 염색 재료로 이용하고 차 또는 된장국을 만들 때 조금씩 넣습니다.

사과 껍질 화장수

효과 보습, 모공 관리, 소염(여드름 관리)

재료 사과 1개 껍질, 소주 200ml, 정제수 100ml, 글리세린 2작은술

만드는 방법 밀폐 용기에 사과 껍질을 넣고 소주를 부어 하루 동안 둡니다.

사용 방법 1큰술 덜어 내어 정제수와 글리세린을 넣고 섞은 다음, 세안 후 피부에 바릅니다.

보관 소주 절임- 서늘하고 어두운 곳에 두고 1년간 사용합니다.
화장수- 냉장 보관하여 2주간 사용합니다.

사과의 성분은 거칠어진 피부와 여드름 자국을 관리하고, 여드름 염증을 진정시키며 모공의 블랙헤드를 제거합니다. 또한 사과 향은 마음을 편안하게 합니다.

로션 · 에센스 · 크림

로션, 에센스, 크림은 세안 후 피부와 건조한 피부의 보습을 위한 것입니다. 화장수에 가까운 액상 또는 젤 타입, 유분이 많은 타입 등 다양한 종류가 있습니다. 방부제와 같은 첨가물이 없기 때문에 시판하는 상품보다 보관 기간이 길지는 않습니다. 그렇지만 좋아하는 재료와 형태로 만들 수 있다는 것이 부엌 화장품의 장점입니다.

정제수 대신 식물 진액(59쪽)으로 만들어 보거나 방향유를 추가하는 등 자신에게 맞는 화장품을 만들어 보세요.

심플 로션

효과 보습

재료 정제수 100ml, 참기름(또는 선호하는 오일) 1큰술, 글리세린 1작은술

만드는 방법 정제수와 글리세린을 섞고, 참기름을 조금씩 더하면서 잘 섞어 줍니다.

사용 방법 사용하기 직전에 잘 흔들어 화장수를 바른 피부 또는 건조하다고 느끼는 부위에 바릅니다.

보관 냉장 보관하여 1개월간 사용합니다.

유화제가 들어 있지 않기 때문에 그대로 두면 내용물이 분리됩니다. 따라서 사용 직전에 잘 흔들어 사용합니다.

나는 필요할 때마다 참기름과 물을 손에 덜어 섞은 다음 피부에 바르는데, 로션으로 만들어 두면 매번 준비하는 것이 귀찮을 때 바로 사용할 수 있어 편리합니다.

식물성 유화 왁스 로션

효과 보습

재료 정제수 100ml(크림으로 만들 경우에는 50ml), 참기름(또는 좋아하는 오일) 1큰술, 식물성 유화 왁스 1작은술

만드는 방법 1. 유화 왁스, 참기름을 섞은 것과 정제수를 따로 용기에 담아 중탕합니다.

2. 유화 왁스가 녹으면 잘 저으면서 섞어 준 다음, 정제수를 반 정도 붓고 다시 잘 섞어 줍니다.

3. 뽀얗게 흐려지면, 남은 정제수 반을 마저 다 넣고 섞어 줍니다.

4. 걸쭉해지면 용기에 옮겨 담고, 식으면 완성입니다(식으면서 조금 딱딱해지므로 폭신한 정도가 좋습니다).

사용 방법 화장수를 바른 후 또는 건조한 느낌이 드는 부위에 바릅니다.

보관 냉장 보관하여 1개월간 사용합니다.

로션이나 크림은 물과 기름을 유화시킨 것입니다. 식물성 유화 왁스는 식물 본래의 원료로 만들어진 유화제로서 물과 기름을 유화시키는 매개체 기능을 하여 피부에 스며들기 쉽게 합니다. 이를 통해, 부드러운 로션과 크림을 만들어 냅니다.

다른 유화제와 비교했을 때, 안전성이 높은 재료이며 물에 5% 비율로 더하면 로션이 만들어지고, 10~20% 비율로 더하면 크림으로 만들 수 있습니다(식물성 유화 왁스는 온라인을 통해 50g당 4,000원 내외로 구입할 수 있습니다).

알로에 에센스

효과 보습, 살균(여드름 예방), 피부 재생 및 회복

재료 알로에 잎 1장, 소주 200ml

만드는 방법 1. 알로에를 씻어 가시를 제거하고, 껍질 쪽 젤리 부분을 가로 세로 1cm 사각형 모양으로 자릅니다.

2. 밀폐 용기에 넣어 소주를 붓고 1주일간 둡니다.

사용 방법 1회 분량으로 한 조각씩 꺼내 으깬 다음, 피부에 붙입니다.

보관 서늘하고 어두운 곳에 두고 1년까지 사용합니다.

알로에는 콜라겐 생성을 촉진하고 피부를 젊게 만들어 주며, 거칠어진 피부를 종합적으로 관리해 주는 만능 식물입니다. 간편하게 화분에서 키울 수 있으므로 한 그루 정도 있으면 편리합니다.

나는 화분에 심은 알로에를 식용 및 약용, 미용용으로 이용합니다. 에센스를 화장수(70쪽)재료로 쓸 수도 있습니다.

레몬(유자) 벌꿀 에센스

효과 보습, 미백

재료 레몬(또는 유자 2~3개) 1개, 벌꿀 적당량

만드는 방법 레몬(유자)을 타원형으로 잘라 병에 넣고 잠길 때까지 벌꿀을 가득 넣고 하루 동안 둡니다.

사용 방법 세안 후 화장수를 바른 피부에 침전물 위 맑은 액체를 바릅니다.

보관 냉장 보관하여 2~3개월간 사용합니다.

벌꿀에는 보습 효과가, 레몬의 비타민 C에는 미백 효과가 있습니다. 나는 목이 아플 때, 절인 레몬(유자)을 먹거나 벌꿀을 뜨거운 물에 타서 마시지만 미용을 위해서도 사용합니다. 피부에 바르면 조금 끈적거리기 때문에 주로 잠자리에 들기 전에 이용합니다.

유자 씨앗 에센스

효과 보습, 피부 회복, 기미 및 주름 개선, 색소 침착 개선

재료 유자 씨앗 3개, 소주 적당량

만드는 방법 유자 씨앗을 씻지 않고 그대로 밀폐 용기에 넣은 다음, 씨앗이 잠길 때까지 소주를 가득 부어 1주일간 그대로 둡니다(씨앗이나 소주는 필요할 때마다 추가해도 됩니다).

사용 방법 잘 섞어서 걸쭉한 젤 상태의 액체를 덜어 화장수를 바른 피부에 발라 줍니다.

보관 서늘하고 어두운 곳에 두고 1년까지 사용합니다.

씨앗 표면에 있는 펙틴이라는 젤 상태의 성분은 보습, 보수 효과가 있습니다. 소주의 양을 늘리면 화장수(66쪽)로 쓸 수 있습니다.

나는 매년 겨울마다 유자가 생기면 위와 같은 방식으로 유자 소주 절임을 만들어 화장수, 에센스로 1년 내내 이용합니다.

밀랍 크림

효과 보습, 피부를 유연하게 함, 피부 보호, 항균

재료 밀랍 1작은술, 참기름(또는 선호하는 오일) 5작은술

만드는 방법 1. 밀랍에 참기름을 붓고 중탕합니다.

2. 밀랍이 녹으면 잘 저어 주며 섞은 다음, 뜨거울 때 용기에 옮겨 담아 식어서 굳으면 완성입니다(잘 섞이지 않았거나 완성 상태가 의심스러울 때에는 다시 중탕합니다).

사용 방법 화장수를 바른 후 또는 건조한 느낌이 드는 부위에 바릅니다.

보관 서늘하고 어두운 곳에 두고 2~3개월까지 사용합니다.

밀랍은 꿀벌이 벌집을 만들 때 방출하는 분비액(왁스)입니다. 부드러운 크림으로 만들 경우에는 밀랍 양을 줄이고 오일 양을 늘리도록 합니다. 마지막으로 방향유를 더하면, 고체 향수 또는 방충제 크림이 됩니다.

바셀린 크림

효과 보습, 상처 보호

재료 바셀린 5작은술, 참기름(또는 좋아하는 오일) 1작은술

만드는 방법 1. 바셀린에 참기름을 붓고 중탕합니다.
2. 바셀린이 녹으면 잘 섞고 열이 식으면 완성입니다.

사용 방법 화장수를 바른 후 또는 건조한 느낌이 드는 부위에 바릅니다.

보관 상온에 두고 1년까지 사용합니다.

바셀린은 석유 본래의 물질이지만, 안전성이 높아 연고와 립 크림, 핸드 크림 등의 원료로 쓰입니다. 건성 피부이거나 아토피성 피부염이 있는 사람, 아기에게 보습제로 많이 이용됩니다. 바셀린만 쓸 수도 있으나 오일을 조금 섞어 주는 것만으로 부드러운 크림 상태가 되어 피부에 바르기 쉬워집니다.

그 밖의 관리

피부 관리라고 하면 얼굴을 떠올리기 쉬우나, 얼굴 이외 신체 모든 부위에서 건조함과 같은 피부 문제가 일어날 수 있습니다. 관리하는 것만으로도 피부가 좋아집니다.

몸은 옷으로 가려진 부위와 노출된 부위에 따라 처한 환경이 다르므로 각각의 피부 상태를 살펴보고 적절한 관리를 주의 깊게 합시다.

입욕제

여기서 소개하는 목욕 재료들은 성분이 순하기 때문에 건강 및 미용 용도로 사용하기 적합합니다. 입욕제 재료는 굉장히 다양합니다. 그중에서도 양이 많아 한 번에 다 먹을 수 없는 음식, 요리 후에 남은 재료, 세탁이나 청소를 할 때 쓸 수 있는 재료를 골랐습니다. 친근한 재료로 목욕을 즐겨 보세요.

생강 목욕

효과 보온, 살균, 부종 제거

재료 생강(날 것 30g 또는 말린 것 10g)

만드는 방법 날 생강- 얇게 자릅니다.

말린 생강- 얇게 썰어 햇볕에 바싹 말립니다.

사용 방법 날 생강- 천에 싸서 뜨거운 물을 가득 채운 욕조에 넣습니다.

말린 생강- 천에 싸서 빈 욕조에 넣고 뜨거운 물을 부어 줍니다.

보관 말린 생강은 밀폐 용기에 넣어 1년까지 사용합니다.

생강은 몸을 따뜻하게 해 주며, 발한 작용을 통해 부종 제거, 다이어트, 땀과 노폐물을 배출하는 독소 제거 효과도 있습니다.

나는 한겨울 추위를 견디기 위한 대책으로 매일 먹는 된장국이나 차에 날 생강을 갈아 넣거나 말린 가루를 넣어 마시는 등 몸속에서부터 열이 나도록 합니다. 생강을 직접 키운다면, 생강 잎도 입욕제로 쓸 수 있습니다.

녹차 목욕

효과 피부 미용, 살균, 햇볕에 그을린 피부 관리, 땀띠 진정

재료 여러 번 우려낸 녹차(다른 종류의 차로 대체 가능) 200~400ml

사용 방법 냄비에 끓여 진하게 우려낸 차를 뜨거운 물이 가득 채워진 욕조에 부어 줍니다.

녹차에 들어 있는 탄닌 성분은 염증을 진정시키는 효과가 있어 예로부터 화상 치료제로 쓰여 왔습니다. 햇볕에 그을린 피부와 민감성 피부에 적합한 입욕제입니다. 피부가 수돗물의 염분으로 인한 자극 때문에 따끔거릴 때, 차는 그것을 진정시킵니다.

나는 아기를 목욕시킬 때에도 여러 번 우려낸 녹차를 이용합니다. 여러 번 우려낸 녹차가 처음 우려낸 녹차보다 카페인과 피부 자극이 적어 아기 또는 피부가 약한 사람도 안심하고 쓸 수 있습니다.

소금 목욕

효과 피부 미용, 발한, 살균

재료 천연 소금 반 컵

사용 방법 천연 소금을 뜨거운 물이 가득 채워진 욕조에 넣습니다.

천연 소금은 발한 작용을 통해 혈액 순환을 촉진하고 잡균을 제거하여 피부를 청결하게 유지해 줍니다. 땀을 배출시켜 몸을 산뜻하게 만들고 싶을 때, 소금을 넣은 욕조에서 편안히 반신욕을 하면 좋습니다.

청주 목욕

효과 피부 미용, 보습, 보온

재료 청주 200ml

사용 방법 뜨거운 물이 가득 채워진 욕조에 청주를 부어 줍니다.

청주는 보습 효과가 있어 피부 결을 정돈해 주는 동시에 수분 증발을 예방하고, 혈관을 확장시켜 혈액 순환을 촉진합니다.

나는 청주를 주로 요리 조미료로 쓰거나 목욕할 때 사용합니다. 몸을 따뜻하게 데워 주며, 목욕을 끝내고 나면 피부도 촉촉해지기 때문에 겨울에 선호하는 입욕제입니다.

베이킹 소다 목욕

효과 피부 미용, 각질 관리, 탈취

재료 베이킹 소다 반 컵

사용 방법 베이킹 소다를 뜨거운 물이 가득 채워진 욕조에 넣고 잘 저어 주며 녹입니다.

알칼리 성분이 각질화된 세포를 부드럽게 만들어 주기 때문에 베이킹 소다가 들어 있는 온천에 들어가면 피부가 매끄러워진다고 합니다. 또한 피부 자극을 중화시키는 효과도 있어 햇볕에 그을린 피부, 민감성 피부에 추천합니다.

베이킹 소다는 친환경 청소와 세탁에도 쓰이는 재료로서 남은 목욕물은 그대로 욕실 청소, 세탁에 사용하면 편리합니다.

베이킹 소다 발포 입욕제(2~3회분)

효과 피로 회복, 피부 청결 유지, 혈액 순환 촉진

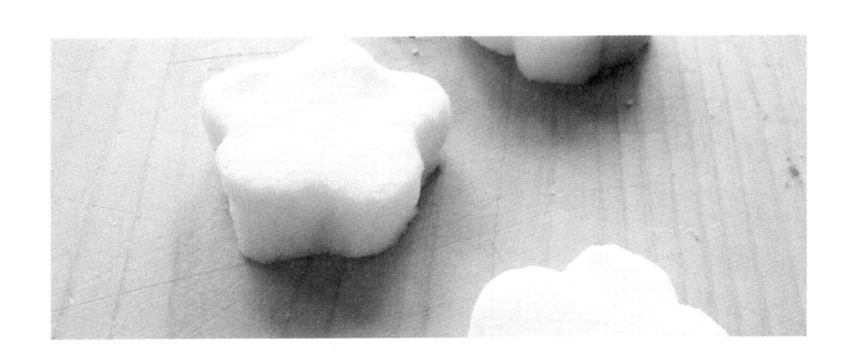

재료 베이킹 소다 반 컵, 구연산 4분의 1컵, 감자 전분 2큰술, 물 조금(굳기에 따라 적절히 추가합니다.)

만드는 방법 1. 볼에 베이킹 소다, 구연산, 감자 전분를 넣고 섞어 줍니다.
2. (취향에 따라) 방향유를 10방울 정도 떨어트려 잘 섞어 줍니다.
3. 스프레이로 물을 조금씩 뿌려 주고, 촉촉한 상태로 만듭니다(손으로 잡았을 때 딱딱한 정도가 좋습니다).
4. 틀에 넣어 모양을 만들거나 손으로 둥글게 뭉칩니다.
5. 반나절 정도 말린 후, 틀에서 떼어 내면 완성입니다.

보관 서늘하고 어두운 곳에 두고 1주일까지 사용합니다.

베이킹 소다와 구연산이 물과 반응하여 거품을 내는 현상을 이용한 입욕제입니다. 수분이 너무 많을 경우, 만드는 도중에 거품이 생기므로 스프레이 등을 이용하여 조금씩 물을 추가하는 것이 좋습니다.

식초 목욕

효과 살균, 피로 회복, 가려움 진정

재료 식초(사과 식초 등) 200ml

만드는 방법 식초를 뜨거운 물이 채워진 욕조에 넣습니다.

식초에는 몸의 피로 물질을 분해하는 효과와 살균 효과가 있어 피로를 풀고 싶을 때 또는 땀을 흘리는 계절에 체취가 신경 쓰일 때에 추천합니다.

나는 정원에 있는 허브나 약초 등을 식초에 절여 드레싱으로 만들거나 입욕제, 린스 대신으로도 이용합니다.

무청 목욕

효과 보온, 부인병 및 신경통 개선

재료 말린 무청 1개

만드는 방법 씻은 무청을 햇볕에 3~4일간 말립니다.

사용 방법 천에 싼 말린 무청이나 무청을 끓여 우려낸 물을 빈 욕조에 넣고 뜨거운 물을 부어 줍니다.

보관 밀폐 용기 또는 종이, 천 주머니에 넣어 통풍이 잘 되는 곳에 두고 1년까지 사용합니다.

무청을 말려 만든 입욕제로 예로부터 냉증을 예방하는 지혜로 전해 내려 왔습니다. 몸의 깊숙한 곳까지 따뜻하게 데워 주기 때문에 추울 때 요긴하게 쓰는 입욕제입니다. 나는 텃밭에서 많이 수확할 수 있어 말려서 보관하여 후리카케나 된장국 재료로 사용합니다.

차조기 목욕

효과 피부 미용, 아토피성 피부 염증 개선, 보습, 살균

재료 녹색 또는 붉은 색의 차조기 잎, 줄기(생잎 30g 또는 말린 잎 10g)

만드는 방법 생잎– 큼지막하게 자릅니다.

말린 잎– 통풍이 잘 되고 그늘진 곳에 두고 말립니다.

사용 방법 냄비에 끓인 차조기 물을 욕조에 넣습니다. 또는

생잎– 천으로 잘 싸서 뜨거운 물을 가득 채운 욕조에 넣습니다.

말린 잎– 천으로 싸서 빈 욕조에 넣고 뜨거운 물을 부어 줍니다.

차조기는 민감성 피부와 아토피성 피부 염증, 꽃가루 알레르기 등 알레르기 증상을 개선하는 효과가 있습니다. 집 텃밭에서도 쉽게 키울 수 있어 추천합니다.

우리 집에서도 정원과 밭에 저절로 떨어진 씨앗이 매년 자라서 요리용이나 음료, 화장수와 입욕제 등으로 만들어 이용합니다.

귤껍질 목욕

효과 피부 미용, 보온, 긴장 이완

재료 귤 2~3개 껍질

사용 방법 햇볕에 말린 귤껍질을 천으로 싸서 빈 욕조에 넣고 뜨거운 물을 부어 줍니다.

말린 귤껍질은 한방약 재료로서 '진피'라고 불리며 기침을 멈추게 하는 효과가 있어 감기약으로 쓰입니다. 입욕제로 사용할 경우, 피부에 윤기를 가져다 주며 혈액 순환을 촉진하여 몸을 따뜻하게 해 줍니다.

왼쪽은 귤껍질, 오른쪽은 유자 껍질

유자 껍질 목욕

효과 피부 미용, 보온, 긴장 이완

재료 유자 2~3개 껍질

사용 방법 햇볕에 말린 유자 껍질을 천으로 싸서 빈 욕조에 넣고 뜨거운 물을 부어 줍니다.

유자 열매를 통째로 넣는 유자 목욕이 일반적이나 껍질에 비타민 C가 풍부하기 때문에 껍질만 넣어도 미용 효과가 있습니다. 또한 유자 향 성분이 혈액 순환을 촉진하여 신진대사가 활발해집니다.

나는 유자 과즙으로 식초나 폰즈(레몬, 라임, 유자 등 감귤류의 과즙에 식초를 더한 일식 조미료) 등으로 만들어 쓰며, 껍질은 향신료와 입욕제로, 씨앗은 화장수와 에센스로 만드는 등 유자를 남김 없이 활용합니다.

허브 목욕

효과

- **라벤더(꽃, 줄기, 잎)** 숙면, 피로 회복
- **캐모마일(꽃)** 보습, 숙면, 피부 문제 전반 개선
- **로즈마리(꽃, 줄기, 잎)** 미용, 피로 회복, 냄새 제거
- **민트(잎, 줄기)** 보습, 피로 회복, 혈액 순환 촉진
- **타임(꽃, 줄기, 잎)** 냄새 제거, 살균, 피로 회복
- **레몬밤(잎, 줄기)** 숙면, 외상 및 알레르기 진정

재료 선호하는 허브(생잎 30g 또는 말린 잎 10g)

만드는 방법 생잎 – 적당한 크기로 자릅니다.
말린 잎 – 통풍이 잘 되는 그늘에 말립니다.

사용 방법 생잎 – 천으로 잘 싸서 뜨거운 물을 가득 채운 욕조에 넣습니다.
말린 잎 – 천으로 싸서 빈 욕조에 넣고 뜨거운 물을 부어 줍니다.

허브는 예로부터 약용, 미용용으로 전 세계에서 쓰였습니다. 향이 좋고, 피부에 순하기 때문에 입욕제로 많이 이용합니다. 대체로 손쉽게 가정에서 싱싱한 허브를 키울 수 있습니다.

우리 집에서도 여러 종류의 허브를 키우는데, 봄부터 가을까지는 주로 생잎을 사용하고, 생잎이 지고 없는 계절에는 말려 두었던 잎을 이용하여 일 년 내내 허브 목욕을 즐깁니다.

표고버섯 목욕

효과 보온, 피부 질환 개선

재료 말린 표고버섯 2~3개

만드는 방법 햇볕에 바싹 말립니다.

사용 방법 말린 표고버섯을 빈 욕조에 넣고 뜨거운 물을 부어 주거나, 뜨거운 물을 가득 채운 욕조에 말린 표고버섯 불린 물을 부어 줍니다.

표고버섯은 예로부터 한방에서 불로장생의 약으로 여겨지며 여러 질환의 치료제로 쓰여 왔습니다. 표고버섯의 성분은 신진대사와 피부 재생을 촉진하며, 여드름과 튼 살, 거칠어진 피부, 부상 후유증 등을 개선하는 데에 효과가 있습니다.

버섯류는 쉽게 상하므로 바로 먹지 않는 것은 소쿠리에 넓게 펴서 말린 후, 보관하면 좋습니다. 표고버섯은 텃밭에서도 쉽게 키울 수 있는데, 재배용 원목은 가까운 산림 조합에 문의하여 구할 수 있습니다.

쑥갓 목욕

효과 피부 미용, 보온, 신경통 및 불면 개선

재료 말린 쑥갓 10g

만드는 방법 잎 또는 줄기를 통풍이 잘 되는 그늘에 말립니다.

사용 방법 말린 쑥갓을 천에 싸서 빈 욕조에 넣고 뜨거운 물을 부어 줍니다.

쑥갓은 국화와 유사한 독특한 향이 있는데, 이 향의 성분에는 긴장 이완과 숙면, 피로 회복 효과가 있습니다. 쑥갓이 가진 풍부한 영양 성분 중에는 항산화 작용을 하는 성분도 있어 먹는 것만으로도 피부 미용과 노화 방지 효과를 기대할 수 있습니다.

떫은맛이 거의 없기 때문에 생으로 먹어도 괜찮습니다. 나는 다른 채소, 과일과 곁들여 주스로 만들어 마시거나 허브차로 마십니다. 집 텃밭에서 자라는 쑥갓이 너무 많아 다 먹지 못할 때에는 말려서 입욕제로 이용합니다.

쑥 목욕

효과 보온, 긴장 이완, 피부 문제 전반 개선

재료 쑥 잎, 줄기(생잎 30g 또는 말린 잎10g)

만드는 방법 생잎- 잎 또는 줄기를 떼어 냅니다.
말린 잎- 통풍이 잘 되는 그늘에 말립니다.

사용 방법 생잎- 천으로 잘 싸서 뜨거운 물을 가득 채운 욕조에 넣습니다.
말린 잎- 천으로 잘 싸서 빈 욕조에 넣고 뜨거운 물을 부어 줍니다.

쑥 잎이 함유한 방향유 성분은 습진, 땀띠와 같은 피부 문제를 개선합니다. 나는 우리집 마당에서 키우며 4~5월에 먼저 올라온 어린 순은 식용으로, 여름과 가을 사이에 자라거나 질긴 잎은 입욕제와 화장수 재료로 이용합니다.

삼백초 목욕

효과 살균, 피부 문제 전반 개선

재료 삼백초(땅 위로 올라온 부분, 생잎 30g 또는 말린 잎 10g)

만드는 방법 생잎- 적당한 크기로 자릅니다.
말린 잎- 통풍이 잘 되는 그늘에 말립니다.

사용 방법 생잎- 천으로 잘 싸서 뜨거운 물을 가득 채운 욕조에 넣습니다.
말린 잎- 천으로 잘 싸서 빈 욕조에 넣고 뜨거운 물을 부어 줍니다.

삼백초는 번식력이 강합니다. 땅 위로 올라온 부분만을 잘라 수확하고, 땅 아래의 뿌리 부분을 남겨 두면 다시 번식하기 때문에 오랫동안 수확할 수 있습니다. 우리 집 정원에서도 많이 자라는 삼백초는 차, 화장수, 입욕제 외에도 생잎을 비벼 벌레에 물려 부은 곳에 바르거나 상처를 살균할 때에도 이용합니다.

[칼럼 3]

운동과 미용

아름다운 피부는 몸속에서부터 만들어집니다. 피부 관리를 통해 피부를 정돈하는 것도 중요하지만 수면, 식사, 운동을 통해 몸속에서부터 아름다움을 만드는 것이 가장 빠른 지름길입니다.

식사와 수면은 의식하지 않아도 누구든지 하는 행동이지만 운동의 경우, 바빠서 시간이 없다는 이유로 거의 하지 않고 지내는 분들도 있지 않을까 싶습니다. 저는 육아 중이라는 이유도 있어서 평소에는 밖에서 운동할 수가 없습니다. 그래서 집안에서 가사를 돌보는 것으로 운동을 대신합니다.

빗자루와 걸레를 사용하여 청소하고, 대야와 빨래판으로 세탁하며, 마당에 설치한 빗물 탱크에 받아둔 물을 화장실 물로 사용하는 등 손발을 많이 쓰는 옛날 방식으로 생활합니다.

매일 하는 집안일은 규칙적인 습관으로 이어갈 수 있습니다. 놀이의 연장으로 아이들과 누가 걸레질 1등을 하는지 시합도 합니다. 손빨래를 할 때, 아이들은 옆에서 대야로 물장난을 치며 놀기도 합니다. 쇼핑하러 갈 때에도 상점가까지 걸어 다니려고 합니다.

운동을 하면 혈액 순환이 촉진되고 근육도 생깁니다. 기초 대사와 신진대사가 좋아지면서 살이 잘 빠지는 체질이 됩니다. 또한 긴장이 이완되고 기분이 전환되는 등 운동에는 다양한 효능이 있습니다.

모발관리

머리카락도 피부와 마찬가지로 단백질로 이루어졌으며 자외선, 건조함 같은 자극과 식생활을 포함한 생활 습관의 영향을 받습니다. 머리카락 또는 두피에 손상이 있는 사람은 잘 관리하여 손상을 예방하고 개선해 봅시다.

대두 삶은 물 샴푸

효과 보습, 비듬 예방

재료 말린 대두 1컵

만드는 방법 말린 대두를 그 3배 정도 양의 물에 하룻밤 동안 담가 두었다가 그대로 불에 올려 부드러워질 때까지 삶아 줍니다(삶은 대두는 꺼내 요리에 사용합니다).

사용 방법 대두 삶은 물을 세면 용기에 부어 머리카락이 적셔지도록 푹 담갔다가 두피를 마사지한 후에 씻어 냅니다.

보관 냉장 보관하여 1~2일간 사용합니다.

대두 삶은 물에 들어 있는 사포닌이라는 성분은 비누와 같은 기능을 해 머리카락과 두피의 더러움을 씻어 냅니다. 대두 삶은 물은 샴푸, 세제 대신으로 쓰여 왔습니다. 영양 성분이 많이 들어 있어 나는 된장국이나 스프, 조림의 국물로 쓰고, 남은 것은 샴푸와 세제로 이용합니다.

쌀뜨물/면 삶은 물 샴푸

효과 보습, 머리카락에 윤기를 더해 줌

재료 쌀뜨물 또는 면 삶은 물 적당량

사용 방법 쌀뜨물 또는 면 삶은 물을 세면 용기에 부어(차가울 경우 따뜻한 물을 조금 부어 줍니다.) 머리카락이 적셔지도록 푹 담갔다가 두피를 마사지한 후에 씻어 냅니다.

보관 냉장 보관하여 1~2일간 사용합니다.

쌀뜨물이나 면 삶은 물이 함유한 전분은 머리카락과 두피의 더러움을 씻어 내고 머리카락에 윤기를 가져다 주며, 보습 효과가 있습니다.

나는 설거지나 세안을 할 때, 정원에 물을 줄 때에 쌀뜨물이나 면 삶은 물을 씁니다.

소금 샴푸

효과 탈취, 비듬 예방

재료 천연 소금 1큰술

사용 방법 천연 소금에 물을 1큰술 넣고 잘 섞은 다음, 머리카락 전체에 잘 스며들도록 두피 마사지를 한 후 씻어 냅니다.

머리카락과 두피에 생기는 문제는 지나치게 많이 씻는 것이 원인인 경우가 많습니다. 소금으로 머리를 감으면, 두피를 건강하게 하는 토착 세균은 떨어져 나가지 않고 땀과 피지, 더러움과 같은 단백질 때만 씻겨 나갑니다. 평소 사용하는 샴푸 대용으로 추천합니다.

나는 비누로 주 1~2회 정도 머리를 감는데, 그 외에는 소금, 쌀뜨물, 베이킹 소다를 사용합니다.

베이킹 소다 샴푸

효과 피지 관리, 비듬 예방, 탈취

재료 베이킹 소다 4분의 1컵(머리카락 길이에 따라 양을 조절)

사용 방법 베이킹 소다를 손에 덜어 물에 적신 머리카락과 두피에 잘 스며들도록 마사지한 후 씻어 냅니다.

베이킹 소다는 머리카락과 두피에 있는 여분의 피지를 흡수하여 유분과 비듬을 제거합니다. 머리를 감고 나서 머릿결이 뻣뻣한 느낌이 들 땐, 식초 린스(121쪽)를 사용하면 한결 부드러워집니다.

땀을 많이 흘리거나 머리카락에 유분기가 많아졌을 때, 머리카락과 두피를 산뜻하게 하고 싶을 때 이용합니다.

감자 전분 드라이 샴푸

효과 두피 관리, 탈취

재료 감자 전분 4분의 1컵(머리카락 길이에 따라 양을 조절)

사용 방법 머리카락과 두피 사이사이에 감자 전분을 골고루 잘 뿌린 다음, 빗으로 빗으면서 가루를 제거합니다.

감자 전분은 머리카락과 두피에 있는 여분의 유분기를 흡수하여 제거하는 효과가 있습니다. 드라이 샴푸이기 때문에 캠핑이나 등산 등 물을 구하기 힘든 상황에 쉽게 쓸 수 있습니다.애완동물에게 샴푸를 해 줄 때에도 사용할 수 있습니다. 감자 전분을 사용할 때, 주변에 흘리기 쉬우므로 청소하기 쉬운 곳에서 하는 것이 좋습니다.

식초 린스

효과 알칼리 성분 중화 효과, 가려움 진정

재료 식초 200ml(선호하는 허브 약간)

만드는 방법 선호하는 허브(생잎 또는 말린 잎)에 식초를 붓고 1주일간 그대로 둡니다.

사용 방법 머리를 감고 나서, 세면 용기에 따뜻한 물을 가득 부어 식초 1큰술을 넣고 머리카락을 푹 담근 후 헹굽니다.

산성인 식초가 샴푸, 비누의 알칼리 성분을 중화시킵니다. 살균력도 있어 두피를 청결하게 유지해 줍니다. 식초 하나만으로도 린스로 쓸 수 있지만 허브를 조금 넣어줌으로써 향기도 더하고 탈모 예방 및 머리카락 건강을 유지하는 효과도 볼 수 있습니다. 비교적 향이 은은한 사과 식초 같은 과실초가 사용하기 쉽습니다.

나는 허브를 넣은 식초를 드레싱 및 사와(위스키, 브랜디, 소주에 레몬이나 라임 주스를 넣어 신맛을 낸 칵테일)에도 이용합니다.

녹차 린스

효과 피지 관리, 살균

재료 여러 번 우려낸 녹차 400ml

사용 방법 머리를 감고 나서 여러 번 우려낸 녹차를 머리카락과 두피에 스며들게 하고 씻어 내지 않습니다.

차의 성분은 여분의 피지를 제거하고, 두피를 살균하여 청결하게 유지해 줍니다. 여러 번 우려낸 차를 입욕제로 이용하고, 남은 물로 린스를 해도 좋습니다. 동일한 방법으로 보리차나 우롱차, 홍차, 허브차 등을 사용할 수 있습니다.

시금치 삶은 물 린스

효과 피지 관리, 머리카락에 윤기를 더해 줌, 비듬 예방

재료 시금치 삶은 물 적당량

만드는 방법 깨끗하게 씻은 시금치를 통째로 삶은 물을 차갑게 식힙니다.

사용 방법 머리를 감고 나서 머리카락과 두피에 잘 스며들도록 마사지를 한 후 씻어 냅니다.

시금치 삶은 물에는 영양 성분이 있어 머리카락에 윤기를 더해 줍니다. 사포닌 성분의 세정 작용은 피지를 분해하고, 비듬을 예방합니다. 이 외 푸른 채소 삶은 물도 같은 방식으로 세안제, 입욕제로 쓸 수 있습니다. 나는 청소할 때 얼룩을 지우거나 정원수로 채소 삶은 물을 씁니다.

벌꿀 헤어 팩

효과 머리카락 손상 복구, 머리카락에 윤기를 더하고 색을 밝게 해 줌

재료 벌꿀 2~3큰술

사용 방법 머리를 감고 나서 머리카락과 두피에 문질러 바르고(뜨거운 스팀 타월로 머리카락을 감싸도 좋습니다.) 10분 후에 씻어 냅니다.

벌꿀은 머리카락의 윤기를 유지하면서 영양을 더해 줍니다. 약간의 표백 기능도 있으니 머리카락 색을 자연스럽게 밝게 하고 싶은 사람은 시도해 보면 좋겠습니다. 자외선의 영향으로 머리카락이 푸석푸석해졌을 때에도 추천합니다.

흑설탕 헤어 팩

효과 머리카락에 윤기를 더해 줌, 머리카락 손상 복구

재료 흑설탕 2~3큰술, 물 1큰술

만드는 방법 냄비에 재료를 넣고 살짝 열을 가해 녹입니다.

사용 방법 머리를 감고 나서 머리카락과 두피에 문질러 바르고(뜨거운 스팀 타월로 머리카락을 감싸도 좋습니다.) 10분 후에 씻어 냅니다.

보관 냉장 보관하여 1~2일간 사용합니다.

흑설탕이 함유한 풍부한 미네랄 성분은 머리카락에 영양을 더해 주고, 윤기가 흐르고 찰랑거리는 머릿결로 만들어 줍니다.

나는 일본 전통 과자에 붙어 있던 흑설탕 또는 흑설탕 시럽을 만들고 나서 남은 흑설탕으로 헤어 팩을 만듭니다.

젤라틴 헤어 젤

효과 머리카락에 윤기를 더해 줌, 머릿결을 차분하게 함

재료 젤라틴 1작은술, 미온수 200ml

만드는 방법 젤라틴에 미지근한 물을 붓고 잘 저으며 녹입니다.

사용 방법 잘 흔들어 섞은 다음, 적당량을 손에 덜어 바릅니다.

보관 냉장 보관하여 1~2주간 사용합니다.

젤라틴은 동물의 뼈와 피부에 들어 있는 단백질을 정제한 것으로 주로 젤리를 굳히는 재료로 쓰입니다. 젤라틴을 녹여 식히면 젤 상태가 되며, 머리카락에 윤기를 내고 차분하게 만들어야 할 때에 이용합니다. 끈끈하게 달라붙지 않기 때문에 물로 씻어 낼 수 있어 편리합니다. 피부에 발라 팩을 하면 피부가 촉촉하고 부드러워집니다.

생강 헤어 에센스

효과 살균, 비듬 예방, 가려움 진정, 탈모 예방, 탈취

재료 생강 50g, 소주 200ml

만드는 방법 껍질째 둥근 모양으로 자르고, 소주에 담가 2주 정도 그대로 둡니다.

사용 방법 머리를 감고 나서 물기를 제거한 후, 에센스를 두피에 뿌리고 잘 문질러 바릅니다.

보관 서늘하고 어두운 곳에 두고 1년까지 사용합니다.

생강의 매운 맛을 내는 성분에는 살균 및 보온 효과가 있습니다. 두피를 청결하게 유지해 주면서 혈액 순환을 촉진하고, 피지 분비를 안정시켜 비듬을 예방합니다.

생강은 우리 집의 한겨울 난방 대책으로 빠지지 않는 재료입니다. 말리거나 소주에 재워 놓는 방식으로 보관합니다. 소주에 재워 놓은 생강은 그대로 요리에 사용할 수 있습니다.

귤껍질 헤어 로션

효과 발모 촉진, 탈모 예방

재료 귤 2개 껍질 말린 것, 소주 200ml

만드는 방법 말린 귤껍질을 소주에 담가 2주 정도 그대로 두었다가 껍질은 골라 냅니다.

사용 방법 머리를 감고 나서 물기를 제거한 후, 두피에 잘 문질러 바릅니다.

보관 서늘하고 어두운 곳에 두고 1년까지 사용합니다.

예로부터 귤 생산지에서는 귤껍질을 목욕물에 넣고 그 물을 샴푸와 린스 대신 사용했다고 합니다. 귤껍질의 향 성분에는 발모 효과가 있어 발모제로도 쓰입니다. 다른 감귤류를 이용하여 동일한 방법으로 만들 수 있습니다.

알로에 헤어 로션

효과 발모 촉진, 비듬 예방, 가려움 진정

재료 알로에 잎 1장, 소주 400ml

만드는 방법 알로에를 껍질째 가늘게 잘라 소주에 담가 1개월 정도 둡니다.

사용 방법 머리를 감고 나서 물기를 제거한 후, 두피에 잘 문질러 바릅니다.

보관 서늘하고 어두운 곳에 두고 1년까지 사용합니다.

알로에는 피지와 수분의 균형을 잡아 주는 효과가 있어 머리카락과 맨살을 건강하게 보호합니다. 소주에 절인 알로에는 천으로 싸서 입욕제로 쓰거나 베이거나 긁힌 상처, 화상을 입은 부위 등에 붙여 연고처럼 이용할 수 있습니다.

몸 관리

피부의 더러움이나 땀은 따뜻한 물만으로도 충분히 씻어 낼 수 있기 때문에 비누, 바디 워시를 반드시 매일 사용할 필요는 없습니다. 너무 자주 씻는 것은 피부 윤기와 몸에 이로운 균까지 없애고, 피부에 상처를 내는 원인이 됩니다.

피부 부위와 계절에 따라 피지 분비량도 달라지므로 피지량이 많은 부위만 비누를 사용하거나 이 책에서 소개하는 자연 재료를 쓰며 비누를 사용하는 빈도를 줄여 보세요.

레몬(유자) 마사지

효과 블랙헤드 및 건조하고 각질이 일어나기 쉬운 피부 개선

재료 레몬(또는 유자) 1조각

만드는 방법 팔꿈치나 무릎 등을 레몬(또는 유자)으로 문지릅니다.

레몬에는 비타민 C가 많이 들어 있습니다. 비타민 C는 거뭇해진 팔꿈치나 무릎을 밝게 만들어 줍니다. 레몬을 먹으면 피로 회복, 미용 효과가 높다고 합니다. 요리에 쓰고 남은 레몬으로 팔꿈치와 무릎을 문지르거나 껍질은 말려 입욕제, 방충제 등으로 활용합니다.

귤껍질 마사지

효과 각질 제거, 윤기 없고 푸석푸석한 피부 개선

재료 귤 1개 껍질

사용 방법 귤껍질의 바깥 부분 또는 안쪽 부분을 팔꿈치나 무릎 등에 문지릅니다.

귤껍질이 함유한 유분은 오래된 각질을 제거합니다. 과실뿐 아니라 껍질에도 영양이 풍부합니다. 나는 건조한 팔꿈치와 무릎에 귤껍질을 문지릅니다. 겨울뿐 아니라 다른 계절에도 사용하기 위해 남은 껍질은 말려서 보관합니다. 귤 이외의 다른 감귤류 껍질로도 시도해 보세요.

사과 껍질 마사지

효과 각질 제거, 색소 침착 개선

재료 사과 1개 껍질

사용 방법 사과 껍질 안쪽 부분을 피부에 문질러 주고 씻어 냅니다.

사과와 같은 과실에 들어 있는 과일산에는 가벼운 필링 효과가 있어 여분의 각질을 제거하고 피부색을 밝게 해 줍니다. 과실에는 비타민 C와 효소 등 피부에 좋은 성분이 많습니다. 수박, 멜론, 키위, 파인애플, 포도, 배, 감 등 둥근 모양의 다른 과일 껍질도 몸 관리에 이용합니다.

베이킹 소다 바디 스크럽

효과 각질 제거

재료 베이킹 소다 2큰술

만드는 방법 소량의 물을 더해 약간 걸쭉한 상태로 만듭니다.

사용 방법 팔꿈치나 발뒤꿈치 등의 피부에 발라 부드럽게 마사지한 후 씻어 냅니다.

베이킹 소다의 고운 입자가 오래된 각질을 제거하고, 팔꿈치와 발뒤꿈치가 거칠어지는 것을 예방합니다.

베이킹 소다는 입에 넣어도 무해한 소재여서 나는 아이가 태어났을 때부터 세탁과 청소에 자주 사용합니다.

흑설탕 바디 스크럽

효과 각질 및 모공 관리, 보습

재료 흑설탕 2큰술

만드는 방법 소량의 물을 더해 약간 걸쭉한 상태로 만듭니다.

사용 방법 전신에 발라 부드럽게 마사지한 후 씻어 냅니다.

흑설탕의 미네랄 성분이 피부에 영양과 윤기를 더해 줍니다. 특히 팔꿈치와 무릎, 발뒤꿈치 등의 오래된 각질을 제거하고 피부를 부드럽게 하는 데 효과적입니다.

소금 바디 스크럽

효과 각질 관리, 발한, 살균

재료 천연 소금 2큰술

만드는 방법 소량의 물을 더해 약간 걸쭉한 상태로 만듭니다.

사용 방법 전신에 발라 부드럽게 마사지한 후 씻어 냅니다.

소금을 바르면 땀이 잘 배출되고 혈액 순환과 신진대사가 활발해져 살이 빠지는 효과를 기대할 수 있습니다. 입자가 큰 소금을 사용하면 피부에 상처가 생길 수 있으므로 입자가 고운 소금 또는 절구로 곱게 빻은 소금을 사용하는 것이 좋으며 주 1~2회가 적당합니다. 피부가 따끔거리거나 상처가 있는 경우에는 사용을 멈추세요.

녹차 바디 스크럽

효과 미백, 살균, 탈취

재료 녹차(분말 또는 말차) 1작은술

사용 방법 거품을 낸 비누와 섞어서 전신을 씻어 줍니다.

녹차 성분의 살균, 탈취 효과가 뛰어나 예로부터 생활의 지혜로 이용되어 왔습니다. 깔끔하게 씻은 피부를 청결하게 유지해 주는 효과가 뛰어나 녹차를 배합하여 만든 다양한 종류의 비누가 시판됩니다. 오래된 녹차 활용법으로 추천합니다.

쌀겨 케어

효과 보습

재료 쌀겨 한 줌

만드는 방법 천으로 쌀겨를 잘 싸서 내용물이 흘러나오지 않도록 고무줄로 묶어 줍니다.

사용 방법 쌀겨를 넣은 주머니를 물에 살짝 적셔 피부에 부드럽게 문질러 줍니다. 또는 미온수를 채운 세면 용기에 주머니를 넣고 살살 비비며 녹인 후 그 물에 수건을 담갔다가 피부에 문질러 줍니다.

쌀겨는 비누와 같은 알칼리성으로 더러움을 제거하고, 쌀겨의 풍부한 영양 성분은 피부 속에 침투하여 피부의 더러움을 개선합니다.

평소에 몸과 얼굴을 씻을 때 쌀겨와 쌀뜨물을 주로 이용하고 더러움, 끈적거림이 신경 쓰일 때에만 비누를 이용합니다.

수세미 스펀지

몸 관리

재료 수세미 열매 적당량

만드는 방법 1. 가을철에 잘 여물어 단단한 수세미 열매를 수확합니다.

2. 물을 가득 채운 통에 수세미를 넣고 떠오르지 않도록 위에 무거운 것을 올려 둡니다.

3. 며칠이 지나 과육이 녹기 시작하면, 과육을 떼어 내면서 매일 물을 갈아 줍니다.

4. 과육을 모두 제거하고 섬유 조직만 남게 되면, 안에 남아 있던 씨앗을 빼고 햇볕에 말려 적당한 크기로 잘라 주면 완성입니다.

사용 방법 샤워 타월 또는 스펀지로 사용합니다.

보관 닳아 없어질 때까지 사용할 수 있습니다.

수세미 과실은 예로부터 설거지할 때 이용하던 천연 재료였습니다. 사용할수록 조직이 점점 부드러워지기 때문에 피부에 익숙해집니다. 봄에 모종을 사서 심으면 정원이나 화분에서 손쉽게 키울 수 있습니다. 키가 높이 자라는 수세미는 여름에는 녹색 식물 커튼이 되고, 어린 열매는 먹을 수도 있으며, 가을에는 수세미 화장수(64쪽)로도 만들 수 있습니다. 씨앗을 보관해 두면 다음 해에 파종하여 키울 수 있습니다.

참기름 오일

효과 보습, 피부를 부드럽게 함

재료 참기름 적당량

사용 방법 손에 적당량을 덜어 비벼준 다음, 팔꿈치나 발뒤꿈치, 건조함이 신경 쓰이는 부위, 손발에 마사지합니다. 이후 수건으로 닦아 냅니다.

나는 겨울철에 건조한 팔꿈치와 발뒤꿈치, 손 등에 참기름으로 마사지합니다. 시간을 들여 피부에 스며들도록 마사지한 후 닦아 내지 않고 그대로 둡니다. 지속적으로 마사지하다 보면, 거친 피부가 부드러워지는 것을 느낄 수 있습니다.

[칼럼 4]

수면과 미용

피부 상태를 나쁘게 만드는 가장 큰 원인은 수면 부족입니다. 피부는 수면 중에 재생된다고 합니다. 우리가 잠을 자는 6시간에 걸쳐 피부와 몸 전체의 회복이 이루어지므로 적어도 매일 6시간은 수면을 취하고, 피부의 골든타임인 밤 10시부터 새벽 2시 사이에는 잠들어 있는 것이 가장 좋습니다. 또한 인간에게는 체내 시계가 있어 본래 일출과 함께 일어나고, 일몰과 함께 잠드는 구조로 우리 몸은 맞춰져 있습니다. 그 리듬에 따르는 생활을 할 수 있도록 합시다.

나는 원래부터 아침형 인간이었으나 출산 후에는 아이를 재우고 난 다음이 유일한 개인 시간이어서 수면 시간을 줄이고 밤 늦게까지 자지 않았습니다. 수면 부족이 이어질 쯤 지금까지 경험해 보지 못한 정도로 피부가 거칠어지고, 감기에 걸려 한 달 가까이 열과 기침이 낫지 않았습니다.

이대로는 안 되겠다는 생각에 밤 11시에는 잠자리에 들려고 노력하자 몸과 피부 상태가 좋아졌습니다. 이를 통해 수면의 중요성을 느꼈습니다. 이제 아이도 많이 커서 밤에는 아이와 함께 일찍 잠자리에 들고, 이른 아침에 개인 시간을 만들려고 합니다.

방취제

몸에서 나는 냄새의 원인은 땀과 피지 때문이 아니라, 땀과 섞인 잡균이 번식하거나 피지가 산화했기 때문입니다.

동물성 지방 중심의 식사를 자주 하면, 피지가 과잉 분비되기 쉬우므로 자제하고 불규칙한 생활을 개선합시다. 또한 땀을 흘린 후에는 꼼꼼하게 닦아 냅시다. 살균 효과가 있는 재료를 이용하여 잡균의 번식을 예방하고, 청결하게 생활해 봅시다.

명반 탈취 스프레이

효과 탈취, 땀 억제, 살균

재료 명반 3g, 물 100ml(취향에 따라 레몬 4분의 1개)

만드는 방법 재료를 잘 섞어 명반이 다 녹으면 완성입니다(레몬을 넣을 경우에는 마지막에 과즙을 짜서 넣습니다).

사용 방법 스프레이 용기에 넣어 피부에 뿌립니다.

보관 냉장 보관하여 1개월간 사용합니다.

명반은 칼륨, 암모늄 등에 들어 있는 금속 이온이 결속되어 만들어진 물질의 총칭입니다. 채소의 떫은맛을 제거하고, 음식의 씹히는 맛과 절인 음식의 발색을 좋게 하는 식품 첨가물로 쓰입니다.

물에 녹으면 산성으로 변하기 때문에 피지 표면의 잡균 번식을 억제하고, 냄새를 일으키는 성분을 중화하여 제거하는 효과가 있어 세계에서 가장 오래된 탈취제라고 합니다.

몇 년 전부터 나는 아이들의 천 기저귀 탈취용으로 사용하며, 지금은 행주나 음식물 쓰레기 탈취 등에도 이용합니다. 레몬을 추가하면 향이 좋아지고, 살균 및 피지의 산화 작용을 예방하는 효과도 있습니다.

생강 탈취 스프레이

효과 탈취, 살균

재료 생강 50g, 소주 200ml

만드는 방법 생강을 소주에 담가 2주간 그대로 둡니다.

사용 방법 적당량을 덜어 그와 같은 양의 물을 넣고 섞은 다음, 스프레이 용기에 담아 뿌립니다.

보관 생강 소주 절임- 서늘하고 어두운 곳에 두고 1년간 사용합니다.
탈취 스프레이- 냉장 보관하여 1개월까지 사용합니다.

생강의 매운 맛을 내는 성분에는 냄새 제거와 강력한 살균 효과가 있습니다. 생강즙이나 얇게 썬 생강으로 닦아 주는 것만으로도 효과가 있습니다. 소주 절임 진액은 헤어 에센스 재료로 쓸 수 있으며, 스프레이로 두피에 뿌려 주면 살균 효과로 인해 두피와 머릿결이 청결해집니다.

식초 탈취 스프레이

효과 탈취, 항균

재료 식초 200ml, 허브(생 허브 또는 말린 허브) 적당량

만드는 방법 좋아하는 허브를 식초에 담가 2주간 그대로 둡니다.

사용 방법 적당량을 덜어 그와 같은 양의 물을 넣고 섞은 다음, 스프레이 용기에 담아 피부에 뿌립니다.

보관 허브 식초 절임- 서늘하고 어두운 곳에 두고 1년간 사용합니다.
탈취 스프레이- 냉장 보관하여 1개월까지 사용합니다.

식초의 주성분인 초산은 휘발성이 있어 냄새를 제거합니다. 식초 냄새는 몸에 바를 때에는 신경이 쓰이기는 하나 시간이 지나면 곧 사라집니다. 허브 종류에 따라 방충 스프레이(169쪽)로 쓸 수 있습니다.

녹차 탈취 스프레이

효과 탈취, 살균

재료 여러 번 우려낸 녹차(다른 종류의 차로 대체 가능) 100ml

만드는 방법 냄비에 끓여 진하게 우려낸 녹차를 여과시켜 식힙니다.

사용 방법 스프레이 용기에 담아 피부에 뿌립니다.

녹차는 일상생활 가까운 곳에 있는 매우 효과적인 탈취제로 냄새를 일으키는 성분을 제거하고, 잡균의 번식을 억제합니다. 여러 번 우려낸 차에도 탈취 효과 성분이 남아 있습니다. 나는 몸뿐만 아니라, 방이나 화장실, 부엌, 의류 등의 탈취에도 이용합니다.

베이킹 소다 땀 억제 파우더

효과 탈취, 땀 억제, 살균

재료 베이킹 소다 2큰술, 선호하는 찻잎 또는 말린 허브 1작은술

만드는 방법 찻잎 또는 말린 허브를 부스러트려 분말로 만든 다음, 베이킹 소다와 잘 섞어 줍니다.

사용 방법 퍼프에 파우더를 묻혀 피부에 바릅니다.

보관 밀폐 용기에 넣어 상온에 두고 1개월까지 사용합니다.

산뜻한 감촉의 재료로 냄새를 흡수하여 제거합니다. 베이킹 소다만으로도 효과가 있으나 찻잎이나 허브를 넣어줌으로써 살균, 탈취 효과를 한층 높여 줍니다.

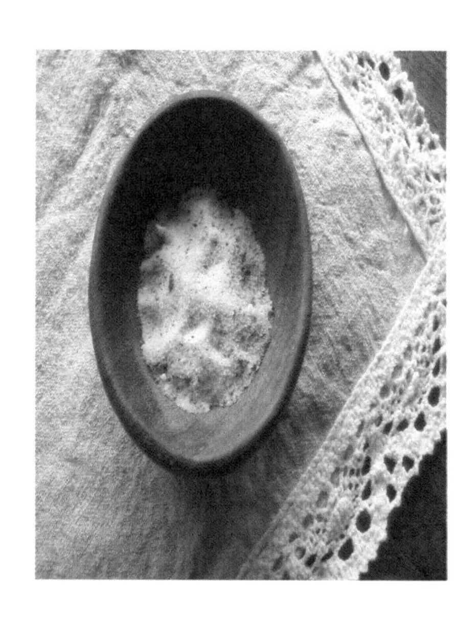

감자 전분 탈취 파우더

효과 탈취, 땀 억제, 살균

재료 감자 전분 2큰술, 선호하는 찻잎 또는 말린 허브 1작은술

만드는 방법 찻잎 또는 말린 허브를 부스러트려 분말로 만든 다음, 감자 전분과 잘 섞어 줍니다.

사용 방법 퍼프에 파우더를 묻혀 피부에 바릅니다.

보관 밀폐 용기에 넣어 상온에 두고 1개월까지 사용합니다.

베이킹 소다 파우더와는 달리, 촉촉한 감촉으로 피부와 잘 어울립니다. 다양한 목적으로 사용할 수 있는데, 나는 베이비파우더 대신 아이 기저귀 발진과 땀띠에 자주 이용합니다.

구강관리

시판되는 치약은 더러움을 없애는 기능이 뛰어나기는 하지만 입안의 선옥균(인간의 장에 있는 세균 가운데 소화와 흡수를 촉진하고, 면역력을 높이는 유익한 기능을 하는 균)까지 제거합니다.

가지 치약

효과 잇몸을 단단하게 함, 치조 농루(치아를 턱뼈에 단단히 연결하는 치주 조직의 만성 진행성 질환으로 치아가 흔들리고 결국은 빠져 버린다.) 및 치통과 구내염 개선

재료 가지 꼭지 2~3개, 소금 1큰술

만드는 방법 1. 가지 꼭지를 햇볕에 말립니다(적당한 크기로 잘라야 말리기 좋습니다).

2. 검게 타서 눌린 자국이 날 때까지 프라이팬에 볶습니다.

3. 가지를 절구로 빻아 분말로 만들고 소금과 섞으면 완성입니다.

사용 방법 젖은 칫솔에 묻혀 양치합니다.

보관 상온에 두고 2~3개월까지 사용합니다.

예로부터 가지를 탄화시킨 것은 민간 치료법으로서 염증과 통증을 억제한다고 여겨졌으며, 소금으로 절인 가지의 꼭지를 검게 태워 치약으로 이용했습니다. 꼭지를 가열함으로써 염증을 억제하는 성분이 생깁니다. 가정에서는 검게 태우기까지 손이 많이 가므로 기름을 두르지 않고 볶아 주면 같은 효과를 손쉽게 기대할 수 있습니다. 치통이나 구내염에는 가지 꼭지 분말을 소량의 벌꿀과 섞어 환부에 바르면 좋습니다.

베이킹 소다 치약

효과 치아 세정, 항균

재료 베이킹 소다 2큰술, 말린 민트 1작은술

만드는 방법 말린 민트 잎을 절구로 빻아 분말로 만든 다음, 베이킹 소다와 섞어 줍니다.

사용 방법 젖은 칫솔에 묻혀 양치합니다.

보관 상온에 두고 2~3개월까지 사용합니다.

베이킹 소다는 더러움을 씻어 내고, 치아를 매끈하게 해 줍니다. 베이킹 소다만 사용해도 효과가 있지만 민트를 넣어줌으로써 향과 청량감, 항균 작용을 더할 수 있습니다.

베이킹 소다 구강 세정제

효과 구취 예방, 청량감을 더해 줌

재료 베이킹 소다 1작은술, 물 100ml, 민트 소주 절임 진액 1작은술(또는 박하유 1방울)

사용 방법 베이킹 소다를 물에 넣고 잘 섞어 준 다음, 민트 소주 절임 진액 또는 박하유를 더해 입안을 헹굽니다.

베이킹 소다는 입안의 산도(pH)를 조절하고, 민트 진액 또는 박하유는 항균 작용 및 청량감을 더해 입안을 산뜻하게 만듭니다. 민트 소주 절임을 만드는 방법은 161쪽을 참고하세요.

녹차 치약, 구강 세정제

효과 충치 예방, 구취 예방, 살균

재료 녹차(분말 또는 말차) 1작은술, 베이킹 소다 1큰술

만드는 방법 녹차를 부스러트려 분말로 만든 다음, 베이킹 소다와 잘 섞어 줍니다.

사용 방법 젖은 칫솔에 묻혀 양치합니다.

보관 상온에 두고 2~3개월까지 사용합니다.

녹차에 들어 있는 불소가 치아 표면을 건강하게 만들어 충치를 예방합니다. 사용하다 보면 칫솔이 녹색으로 물드므로 이것이 신경 쓰이는 사람은 여러 번 우려낸 녹차를 칫솔에 묻혀 양치질해도 좋습니다.

아이가 양치질하기 싫어할 때에 양치질 대신, 식후에 녹차를 입에 머금게 하는 것으로 충치를 예방합니다. 여러 번 우려낸 녹차로 입안을 헹구거나 양치질하는 것으로도 구취와 감기를 예방할 수 있습니다.

소주 구강 세정제

효과 구취 예방, 살균, 청량감을 더해 줌

재료 소주 400ml, 민트(잎, 줄기) 20g

만드는 방법 밀폐 용기에 적당한 크기로 자른 민트를 넣은 후, 소주를 붓고 한 달간 두었다가 민트는 꺼냅니다.

사용 방법 적당량을 덜어 10배 정도의 물로 희석하여 입안을 헹굽니다.

보관 소주 절임- 상온에 두고 1년까지 사용합니다.

민트는 '박하'라는 이름으로 더 친근한 재료입니다. 전 세계적으로 오래전부터 이용되어 왔습니다. 상쾌한 향과 청량감이 특징으로 요리, 과자 외에도 향료, 치약 등에 많이 쓰입니다. 키우기 쉬운 작물로 다방면에 쓸 수 있으므로 꼭 한 번 가정에서 키워 보세요.

식초 양칫물

효과 살균, 목의 통증 완화, 감기 예방, 구취 예방

구강관리

재료 식초 1큰술, 물 200ml, 소금 1작은술

사용 방법 재료를 골고루 잘 섞어 양치합니다.

식초와 소금의 살균 효과, 세정력을 이용한 세척액입니다. 감기 예방 또는 목이 건조하거나 아플 때 효과적입니다. 양치할 때뿐만 아니라 구강 세정제로도 사용할 수 있습니다.

나는 감기가 유행할 때나 아이에게 양치질을 시키고 싶을 때, 식초나 차 등을 자주 이용합니다.

입술 관리

입술은 각질층이 얇고 피지가 분비되지 않기 때문에 다른 부위보다 건조해지기 쉽습니다. 한겨울의 추위와 건조함, 자외선 등으로 손상을 입기 전에 잘 관리해 둡시다.

벌꿀 립 케어

효과 보습, 입술을 부드럽게 함, 상처 치료

재료 벌꿀 적당량

사용 방법 입술에 벌꿀을 바르고 그 위에 랩을 덮어 5분 동안 그대로 둡니다 (랩 위에 스팀 타월을 올려 두면 더욱 효과적입니다).

벌꿀은 보습 효과가 뛰어나며 입술을 촉촉하게 할 뿐만 아니라 항균 작용을 통해 염증을 억제합니다. 소량의 재료로 간단하게 만들 수 있으며, 입안에 들어가도 안심할 수 있습니다. 효과가 빨리 나타납니다.

밀랍 립 크림

효과 보습, 입술을 부드럽게 함, 입술 보호

재료 밀랍 1작은술, 참기름(또는 취향의 오일) 1큰술, (취향에 따라 벌꿀 반 작은술)

만드는 방법 1. 밀랍과 기름을 합쳐 중탕합니다.
2. 밀랍이 녹으면 냄비에서 꺼내, 벌꿀을 넣고 잘 저으며 섞어 줍니다.
3. 뜨거울 때 용기에 옮겨 담아 딱딱하게 굳으면 완성입니다.

사용 방법 적당량을 입술에 바릅니다.

보관 서늘하고 어두운 곳에 두고 2~3개월까지 사용합니다.

밀랍은 수제 화장품 재료로서 인기가 많습니다. 크림, 연고, 립 크림의 원료로 자주 쓰입니다. 립 크림은 대체로 밀랍 1 : 오일 3의 비율로 만들면 좋습니다. 여름철에는 녹아 버리기 쉬우므로 따뜻한 장소를 피해 보관합니다.

방충제

정원이나 텃밭에서 작업할 때, 캠핑이나 외출할 때에 방충제가 있으면 편리합니다. 피부와 신체에 안심하고 쓸 수 있는 자연 재료가 좋습니다. 장시간 효과 유지를 기대할 수는 없으나 어린이와 민감성 피부인 사람도 안심하고 사용할 수 있다는 것이 장점입니다. 소개하는 방충제는 모두 간단히 만들 수 있으므로 꼭 시도해 보세요.

목초액 방충 스프레이

효과 벌레 퇴치

재료 목초액 2ml, 물 100ml

사용 방법 재료를 잘 섞어 스프레이 용기에 넣고 뿌립니다.

보관 서늘하고 어두운 곳에 두고 1개월까지 사용합니다.

목초액이 함유한 탄닌 성분은 벌레를 쫓아내는 효과가 있습니다. 목초액을 50배 정도로 희석한 것을 방충망과 커튼, 옷 등에 스프레이로 뿌려 주거나 피부에 직접 바릅니다. 또한 원액을 용기에 넣어 실내에 두는 것만으로도 효과가 있습니다(목초액은 목욕용 등 피부 관리에 사용할 수 있는 종류를 고릅니다).

식초 방충 스프레이

효과 벌레 퇴치

재료 식초 200ml, 허브 20~30g(민트, 레몬밤, 로즈마리, 티트리, 라벤더 등)

만드는 방법 용기에 허브를 넣고 식초를 부어 2주 정도 두고, 안에 든 허브는 꺼냅니다.

사용 방법 스프레이 용기에 담아 피부에 뿌립니다.

보관 서늘하고 어두운 곳에 두고 1년까지 사용합니다.

벌레가 싫어하는 향을 이용한 방충제이지만, 효과의 지속 시간은 짧기 때문에 향이 옅어지면 여러 차례 다시 뿌리도록 합니다. 모기뿐만 아니라, 개미와 벌, 바퀴벌레 등을 퇴치하는 효과도 있으므로 집 안팎에 스프레이를 뿌리거나 종이나 천에 뿌려서 두는 것도 하나의 방법입니다.

식초에는 가려움과 부기를 가라앉히는 효과도 있으므로 모기에 물린 부위에 바르면 좋습니다(민트는 청량감을 주고, 라벤더와 티트리는 염증을 가라앉힙니다).

소주 방충 스프레이

효과 벌레 퇴치

재료 소주 200ml, 허브 20~30g(민트, 레몬밤, 로즈마리, 티트리, 라벤더 등)

만드는 방법 용기에 허브를 넣고 소주를 부어 2주 정도 두고, 안에 든 허브는 꺼냅니다.

사용 방법 물로 10배 정도 희석하여 스프레이로 피부에 뿌립니다.

보관 소주 절임- 서늘하고 어두운 곳에 두고 1년까지 사용합니다.
스프레이- 냉장 보관하여 1개월간 사용합니다.

알코올에 절여 식물의 성분을 추출한 방충 스프레이입니다. 알코올은 향기와 성분을 추출하는 효과가 큰 것이 특징입니다. 식초와 소주 둘 중에 어떤 것을 사용해도 효과는 동일합니다. 따라서 식초 향을 싫어하거나 알코올 자극에 민감하지 않은 사람이라면 소주를 사용하고, 민감한 피부 또는 어린이는 식초를 사용하는 등 상황에 따라 선택합니다. 식초와 마찬가지로 방충 효과의 지속 시간이 짧으므로 자주 뿌려 줍니다.

귤껍질 모기향

효과 벌레 퇴치

재료 귤 1개 껍질

만드는 방법 햇볕에 말립니다.

사용 방법 귤껍질에 불을 붙여 연기를 냅니다. 도자기 또는 알루미늄 호일 위에 올려 몸 가까이에 놓아 둡니다.

보관 밀폐 용기 또는 종이, 천 주머니에 넣어 통풍이 잘 되는 곳에 두고 1년까지 사용합니다.

감귤류의 향 성분을 벌레가 싫어하기 때문에 감귤류는 방충제로 많이 이용됩니다. 말린 귤껍질을 태울 때 방향유 성분이 휘발되면서 방충 효과가 나타납니다. 이 방향유 성분은 인체에 무해하여 안심할 수 있습니다. 모기향처럼 오랜 시간 타들어 가지는 않지만, 한동안 옅은 귤 향이 남습니다. 장시간 사용하고 싶을 때에는 잠시 시간차를 두었다가 다시 불을 피우도록 합니다.

나는 모기 퇴치 외에도 요리할 때, 불을 사용하는 김에 해충 예방 차원에서 부엌에 향을 피워 둡니다. 귤껍질을 방충제로 사용한 후로는 부엌과 실내에서 바퀴벌레를 목격하는 일이 줄어들었습니다. 귤 외에도 레몬이나 오렌지, 여름 밀감 등 감귤류로 같은 효과를 볼 수 있습니다.

가려움을 진정시키는 크림

효과 가려움 진정

재료 밀랍 1작은술, 참기름(또는 선호하는 오일) 1큰술, 박하유 2~3방울

만드는 방법 1. 밀랍과 기름을 합쳐 중탕합니다.

2. 밀랍이 녹으면 냄비에서 꺼내 박하유를 넣고 저으며 섞어 줍니다.

3. 뜨거울 때 용기에 옮겨 담아, 딱딱하게 굳으면 완성입니다.

사용 방법 모기에 물린 부위에 바릅니다.

보관 서늘하고 어두운 곳에 두고 2~3개월까지 사용합니다.

박하유는 청량감을 더하고 박하유를 바른 부위의 감각을 마비시켜 가려움이 느껴지지 않도록 합니다. 박하유 1~2방울을 20ml 정도의 물로 희석하여 방충제나 바디 로션으로도 쓸 수 있습니다.

[칼럼 5]

식사와 미용

피부는 내장을 비추는 거울이라고 합니다. 내장이나 혈관의 상태가 나쁠 경우, 혈색과 피부의 탄력이 나빠지고 색소 침착, 여드름, 주름 등이 피부에 나타납니다.

식사는 피부 상태를 개선하기는 하지만, 단순히 피부에 좋다는 식품과 영양소만을 먹는다고 좋아지지는 않습니다. 토대(평소의 식사)를 잘 만들어 놓은 다음, 피부에 맞는 여러 가지 좋은 것들을 섭취하는 것이 중요합니다.

그 지역의 기후와 풍토에 맞는 식문화가 있습니다. 우리는 예로부터 각각의 지역에서 제철에 나는 재료로 만든 전통 음식을 먹어 왔습니다. 전통 음식을 토대로 한 식사가 우리 몸에 가장 잘 맞는다고 합니다. 우리 집에서도 밥과 된장국, 채소 절임을 기본으로 텃밭에서 키운 채소와 제철 재료를 중심으로 식사합니다.

우리 집 아이들은 태어났을 때부터 여름에도, 겨울에도 냉난방을 하지 않는 환경에서 자랐지만 감기에 잘 걸리지 않는 건강한 체력을 가졌습니다. 우리가 사는 지구의 자연 속에서 난 것과 제철 음식을 먹는다는 것은 친환경적일 뿐 아니라 이를 통해 계절과 기후에 반응하는 몸이 만들어진다는 것을 아이들을 보면서 알았습니다. 더불어 식사의 중요성도 실감했습니다.

때때로 친구를 사귀거나 재밌게 노는 일에 푹 빠져 버린다 할지라도, 어른과 아이 모두가 평소 제대로 된 식사만 한다면 걱정할 것은 없다는 관대한 생각을 합니다.

마치며

부엌이나 가까운 곳에 있는 재료를 사용하여 기초 화장품을 만들면서 아이디어와 약간의 수고를 더하는 것만으로 피부와 몸을 훌륭하게 관리할 수 있다는 것을 알았습니다. 자연 재료로 만드는 화장품을 소개하는 책은 많이 있지만, 이 책에서는 집 또는 가까운 곳에 있는 재료로 실제로 시험해 보고 효과가 있다고 생각한 방법을 소개했습니다.

부엌 화장품은 직접 만들기 때문에 어떤 재료로 만들어졌는지 알 수 있습니다. 각각의 상황과 피부 상태에 맞추어 선호하는 재료와 배합으로 자유롭게 만들 수 있다는 점, 일부러 재료를 사러 가지 않아도 집에 있는 재료로 만들 수 있다는 점이 매력이라고 생각합니다. 더욱이 평소 사용하지 않고 버리던 재료의 특정 부분을 효과적으로 이용한다면 쓰레기도 줄이고 절약도 할 수 있습니다.

사람의 아름다움은 내면에서 스며 나오는 부분이 크다는 것을 어느 순간 알았습니다. 아름다운 표정과 분위기는 그 사람이 살아가는 방식에 따라 만들어진다는 것을 주위의 연배 높으신 분들을 보면서 매일 느낍니다. 저도 일상생활을 신중하고 주의 깊게 보내면서 멋지게 나이 들고 싶습니다. 이 책을 통해 화장품만이 아니라 시간과 품이 만들어 내는 풍요로움을 느끼고, 실생활에 도움이 된다면 매우 기쁠 것입니다.

2012년 5월 어느 좋은 날

아즈마 카나코

옮긴이의 글

오랫동안 성인 아토피를 포함한 피부 문제를 갖고 살아온 나에게 먹거리와 화장품은 항상 큰 관심의 대상이었습니다. 아토피로 짓무르고 피나는 얼굴을 들여다보면서 '현재 나의 몸'이란 그동안 무엇을 먹고 바르며 살아왔는지에 대한 결과물이라는 것을 절실하게 느꼈기 때문입니다. 대학생 시절, 나는 거의 매일 패스트푸드로 허기를 달랬고, 집에서 요리하는 일은 드물었습니다. 대학을 졸업하고 사회생활을 할 때도 상황은 비슷했습니다. 주로 외식을 했고, 그 대신 비싸고 좋다는 기능성 화장품을 썼습니다. 그러던 어느 날, 갑자기 굉장히 심각한 아토피와 피부 문제가 생겼습니다. 누구도 만날 수 없고 사회생활을 하기 어려운 상태였기 때문에 할 수 있는 건 뭐든 해봐야 했습니다.

처음에는 백화점에 가서 파운데이션과 클렌징 제품을 샀습니다. 그런데 바쁜 사회생활 때문에 패스트푸드를 먹고, 그래서 생긴 피부 문제를 가리기 위해 화장품을 사고, 그것을 지우기 위해 또 화장품을 산다니! 문득 어리석은 짓을 하고 있다고 느꼈습니다. '병을 치료하기 위해 끊임없이 화장품을 소비하는 방법 말고 다른 길은 없을까?' 라는 고민이 들었습니다.

병은 몸이 보내는 메시지라고 합니다. 몸에 어떤 문제가 나타났다면 그 문제의 해결 방법도 그 안에 같이 있다고 생각했습니다. 그래서 화장을 포기하고 식단을 바꿔 보았습니다. 깨끗한 물, 단순하게 찌거나 삶은 채소들로 식단을 바꾸자 피부는 몇 주 내로 안정을 되찾았습니다. 그 때부터 화장은 스킨과 로션 정도로 점차 줄여 나갔습니다.

부엌 화장품 저자가 화장품 만드는 방법을 보면 볼수록 외할머니가 자연스럽게 떠올랐습니다. 특별히 좋은 화장품을 쓰지는 않아도 외할머니는 피부가 좋은 편이었습니다. 할머니의 식단과 생활 습관을 살펴보면 그 이유를 어렵지 않게 찾을 수 있었습니다. 할머니는 항상 집에서 음식을 만들어 드셨고, 채식 위주의 소식을 하셨습니다. 사과를 먹을 때, "이렇게 하면 피부에 좋단다." 라고 얘기하시며 사과 껍질을 늘 손등에 문지르시던 모습이 특히 기억에 남습니다. 사과 껍질은 할머니의 단골 부엌 화장품이었습니다.

이 책에는 할머니의 지혜로부터 배울 수 있을 법한 소박하고 건강한 화장품 만드는 방법이 실려 있습니다. 부엌에서 요리를 하고 남은 자투리 식재료로 직접 화장품 만드는 방법을 알려 주고 있기 때문에 화장품 재료가 무엇인지 알 수 있어 안심하고 사용할 수 있고 피부에 자극이 적으며, 비용 또한 거의 들지 않는다는 장점이 있습니다.

이 책이 화장품 만드는 방법을 소개하는 책이기는 하나, 화장품을 만들 때 사용하는 채소와 허브들은 주로 저자가 직접 텃밭에서 키운 것입니다. 텃밭 화장품이라고 불러도 좋을 정도로 이 책은 자연과 더불어 살아가는 삶의 방식을 소개합니다.

무엇이든 돈을 주고 사서 쓰는 생활 습관을 갖고 있던 현대인들이 자신의 손으로 직접 만들어 생활하고자 하는 분위기로 점차 바뀌고 있다는 인상을 받습니다. 서점에 가면 텃밭 농사, 요리, 바느질, 맥주 만들기, 화덕 만들기, 작은 집 짓기 등을 소개하는 책들이 많이 나와 있는 것을 볼 수 있습니다. 많은 사람들이 바쁘게 돌아가는 사회생활 때문에 잊고 살았던 '몸을 쓰는 삶'과 '삶을 살리는 살림의 지혜'를 다시금 회복하는 것 같습니다.

아토피를 포함한 피부 문제가 식생활과 화장품 선택에 영향을 끼쳐

나의 몸을 살렸다면, 충남 홍성에서 농사짓고 살던 2년 남짓의 삶은 내 마음을 살리는 데 큰 역할을 했습니다. 특히, 그물코 출판사와의 인연은 그물코의 어른들처럼 다음 세대를 위해 힘이 되는 어른이 되고 싶다는 생각을 하게 했습니다. 어려운 상황 속에 있을 때 따뜻한 말과 행동으로 용기 낼 수 있도록 격려해 주신 것에 진심으로 감사드립니다. 또 함께 울고 웃으며 농사짓던 원영이가 이제는 한 권의 책 농사를 같이 지어 주니 이 인연 또한 고맙다는 말을 전합니다.

이 책을 읽는 분들이 자신은 어떤 화장품을 사용하면 좋을지 상상해 보고, 나아가 화장품 재료로 쓸 채소와 허브를 직접 키워 화장품을 만들어 보는 데 이 책이 도움이 되었으면 좋겠습니다.

자기 삶의 주인이 되어 자연과 사람과 더불어 살기를 바라면서.

2016년 7월

세검정에서 김민주

소재별 찾아보기

효과별 찾아보기

피부 관리

가려움 진정

각질 관리

감기 예방

거칠어진 피부 보습

구내염 예방

구취 예방

기미 개선

노화 방지

모공 관리

그 밖의 관리

참고 문헌

『身近な食品でできるオリジナル化粧品と家庭薬』根本幸夫(監修) 同文書院

『手作りコスメでち至福のエステ!』高村日和(監修) 主婦の友社

『おばあちゃんからの暮らしの知恵』NPO法人 おばあちゃんの知恵袋の会(著・監修)
高橋書店

『食べて治す・自分で治す大百科』長屋憲(監修) 主婦の友社

『韓国美女たちの必須スキンケア おいしい手作りフェイスパック』パク・ダヨン(著) シンコ_ミュ_ジック・エンタテイメント

『よく効く薬草風呂 アトピ_から腰痛まで』池田好子(著) 家の光協会

『毎日わずか10gでカラダが変わる　ショウガで治す! やせる!』平柳要(監修) 医学博士

『魔法の液体ビネガ_(お酢)278の使い方』ヴィッキ_ ランスキ_ (著) 飛鳥新社

『重曹徹底使いこなしアイデア212』重曹暮らし研究会 双葉社

『素肌にやさしい手づくり化粧品』境野米子(著) 創森社

『木炭・木酢液の活用法』岸本定吉・岩垂荘二(監修) 増田幹雄(著) ブティック社

지은이 아즈마 카나코 (アズマカナコ)
1979년생. 동경농업대학(東京農業大学) 졸업. 일반적인 가정집에서 옛날 생활 방식을 적용한 친환경적인 생활을 추구한다. 냉장고, 휴대폰, 자동차, 에어컨 없이 생활한다. 저서로『버리지 않고 누리는 행복- 도쿄의 마을 숲에서 보내는 생활 레시피』,『천 기저귀로 키워보자』,『귀여운 마스크가 한가득! 간단하게 만드는 마스크』가 있다.
블로그 http://blog.goo.ne.jp/nozo-kana

옮긴이 김민주
일본어 교육을 전공했다. 충남 홍성 운월리에 살면서 유기적으로 농사짓는 삶을 배웠다. 현재는 서울에서 일본어 교육과 농, 자연, 생태, 평화를 주제로 하는 통번역을 하면서 삶을 짓고 있다. 짬짬이 텃밭 농사를 하며, 그림을 그리고 글을 쓴다.

부엌 화장품

1판 1쇄 펴낸날 2016년 8월 20일

지은이 아즈마 카나코
옮긴이 김민주
펴낸이 장은성
만든이 김원영
펴낸곳 도서출판 그물코

출판등록일 2001.5.29(제10-2156호)
주소 (350-811) 충남 홍성군 홍동면 운월리 368번지
전화 041-631-3914
cafe.naver.com/gmulko

ISBN 979-11-958251-3-4 03590 값 14,000원